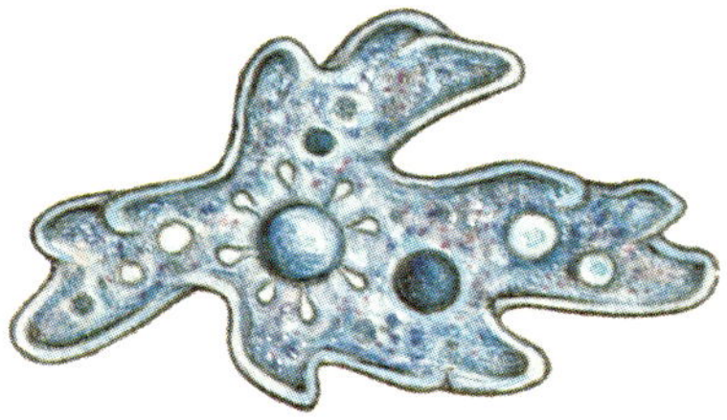

Moderne Biologie

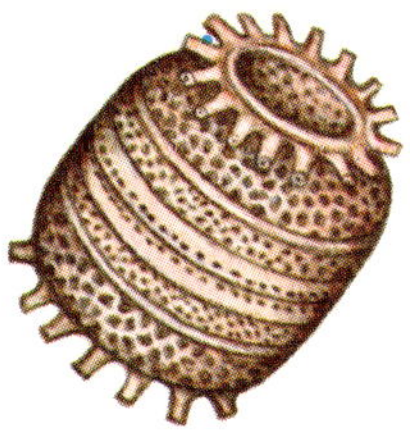

Tessloffs Jugendbibliothek in Farbe

Text von Donald Silver
Illustriert von Patricia Wynne

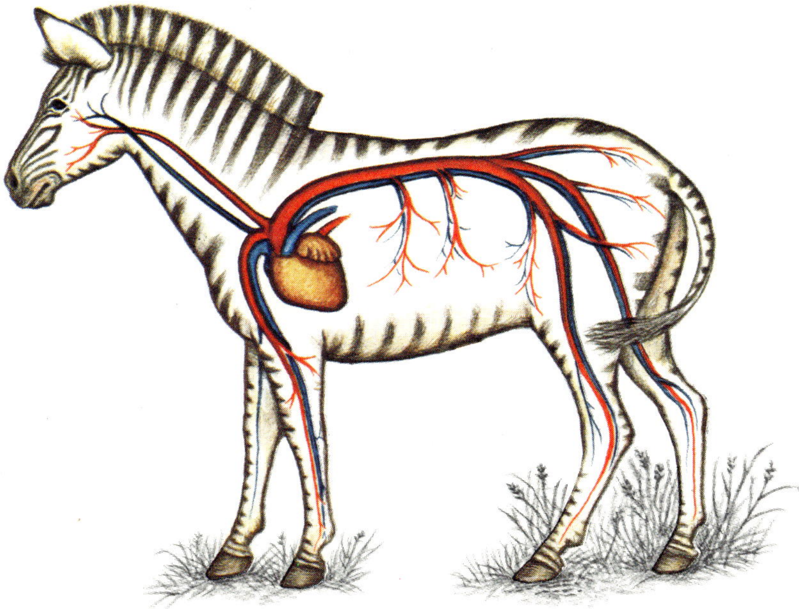

Moderne Biologie

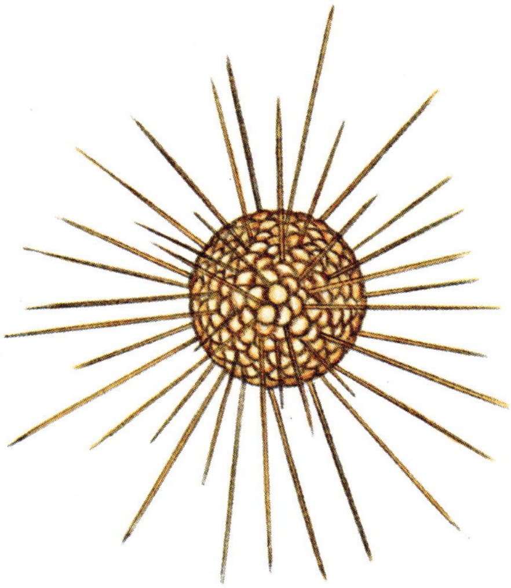

Tessloff

Für Jeanette und Will,
die dieses Buch möglich machten

Ich möchte der ebenso klugen wie als Künstlerin brillanten Patricia J. Wynne für die Illustrationen danken, die diesem Buch seine Anschaulichkeit geben. Mein Dank gilt ferner Dr. Guy Musser vom American Museum of Natural History für seine fachmännischen Kommentare zum Tier- und Pflanzenleben; Anne Christensen, die die Entstehung dieses Buches von Anfang bis Ende zuverlässig betreut hat; und besonders Thomas L. Cathey für aufmerksam-kritische Durchsicht meines Textes und für wesentliche Verbesserungsvorschläge.

Donald M. Silver, Ph. D.
März 1983

Titel der Originalausgabe „The Living World – Biology Today“

Übersetzung von Thomas M. Höpfner, Berlin

ISBN 3-7886-0547-2

Printed in Italy by Vallardi Industrie Grafiche, Mailand

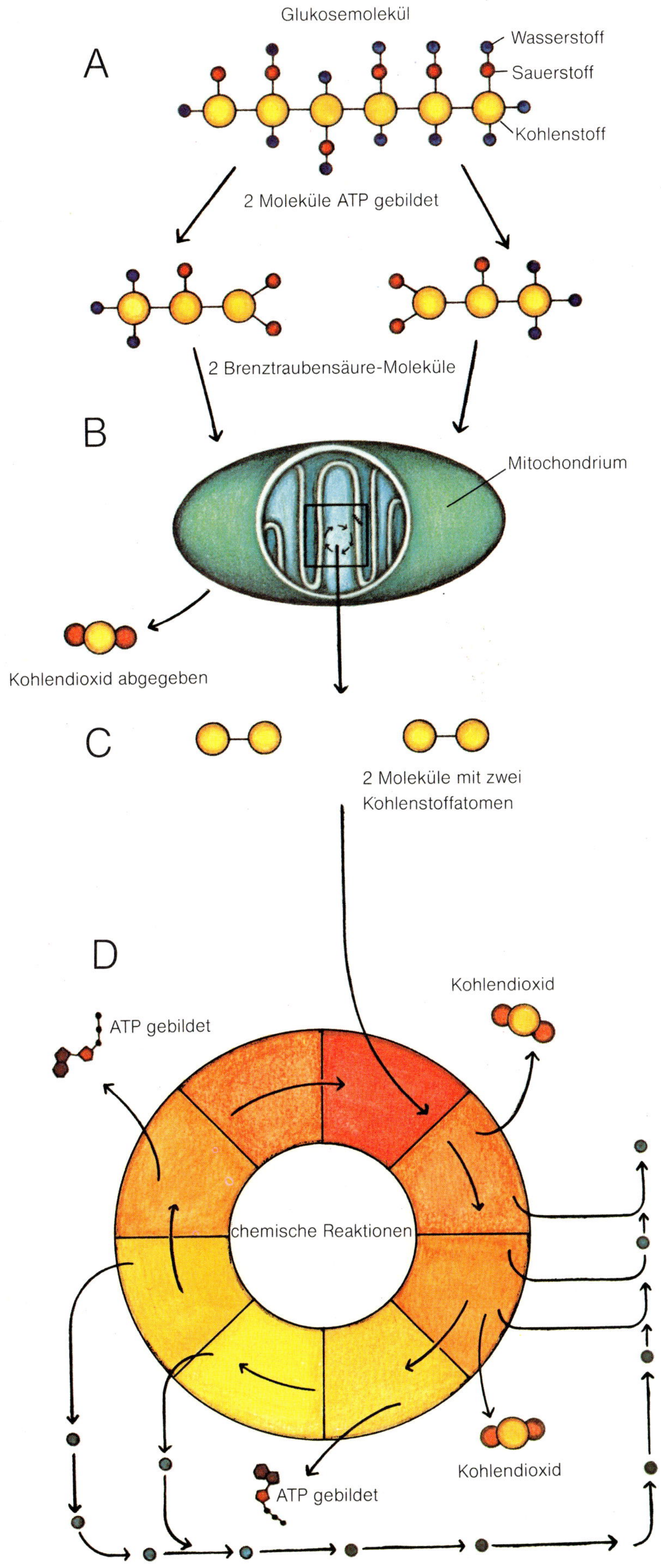
Glukosemolekül
A
Wasserstoff
Sauerstoff
Kohlenstoff
2 Moleküle ATP gebildet
2 Brenztraubensäure-Moleküle
B
Mitochondrium
Kohlendioxid abgegeben
C
2 Moleküle mit zwei Kohlenstoffatomen
D
Kohlendioxid
ATP gebildet
chemische Reaktionen
ATP gebildet
Kohlendioxid

Inhalt

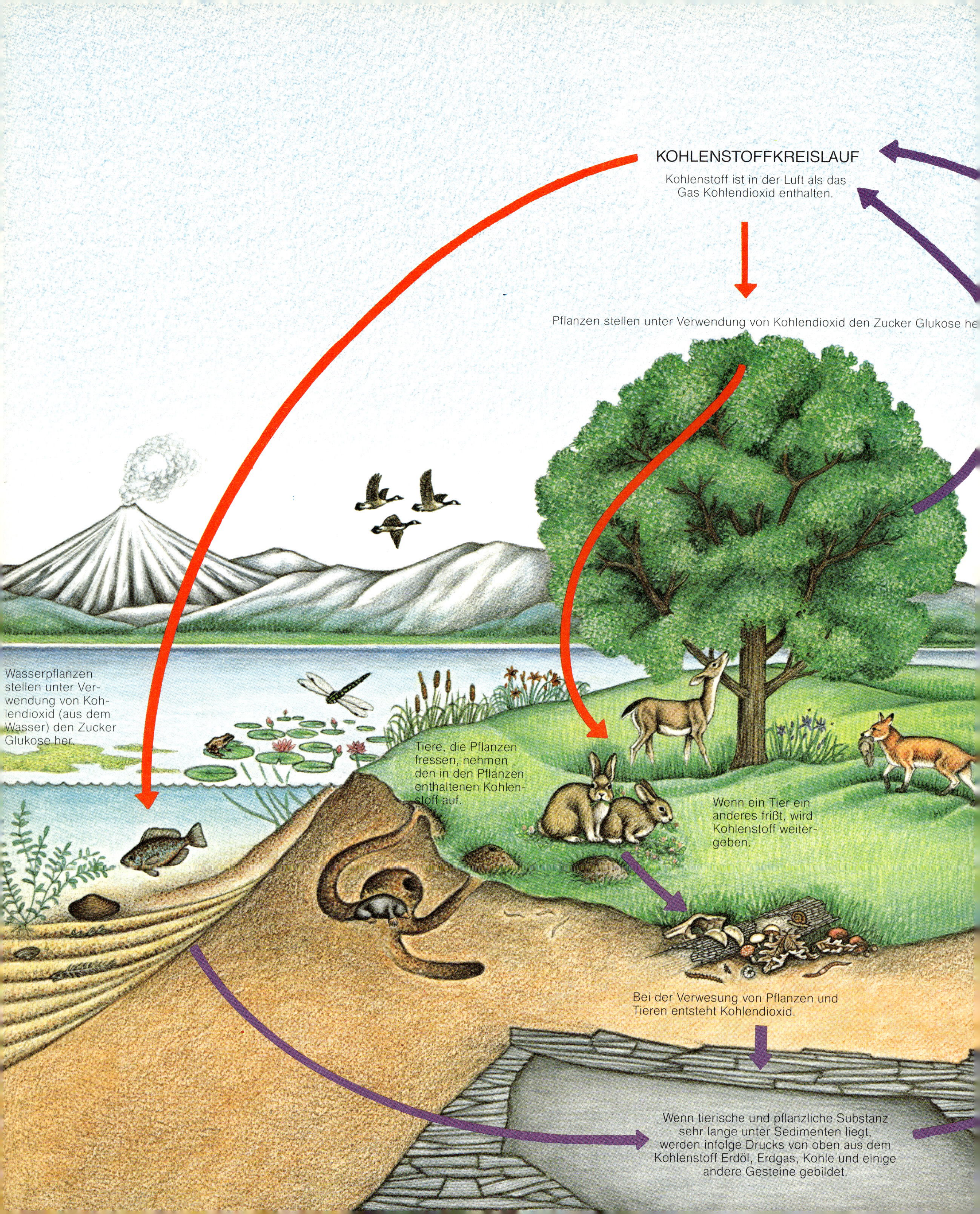
KOHLENSTOFFKREISLAUF
Kohlenstoff ist in der Luft als das Gas Kohlendioxid enthalten.
Pflanzen stellen unter Verwendung von Kohlendioxid den Zucker Glukose he
Wasserpflanzen stellen unter Verwendung von Kohlendioxid (aus dem Wasser) den Zucker Glukose her.
Tiere, die Pflanzen fressen, nehmen den in den Pflanzen enthaltenen Kohlenstoff auf.
Wenn ein Tier ein anderes frißt, wird Kohlenstoff weitergeben.
Bei der Verwesung von Pflanzen und Tieren entsteht Kohlendioxid.
Wenn tierische und pflanzliche Substanz sehr lange unter Sedimenten liegt, werden infolge Drucks von oben aus dem Kohlenstoff Erdöl, Erdgas, Kohle und einige andere Gesteine gebildet.

Der Kohlenstoffkreislauf zeigt, wie lebende Organisman das chemische Element Kohlenstoff verwerten und wiederverwerten. Man spricht von einem Kreislauf, weil sich alle Phasen ständig wiederholen.
Alle Lebewesen enthalten Kohlenstoff. Auf dem Lande wie im Wasser nehmen grüne Pflanzen Kohlendioxid auf und verwenden es zur Bildung des Zuckers Glukose (rote Pfeile). Zucker ist Nahrung für Pflanzen und Tiere. Die purpurfarbenen Pfeile zeigen, wie Kohlenstoff als Kohlendioxid in die Luft und in das Wasser zurückgelangt, so daß es von Lebewesen wieder verwendet werden kann.

Leben auf der Erde

Die Erde wimmelt von Lebewesen. Manche erblicken wir in unserer Umgebung, zum Beispiel Vögel, Bäume und Blumen. Aber es gibt noch Millionen andere Lebewesen. Manche Tiere wie zum Beispiel die Eisbären sind in Gegenden heimisch, die die meisten Menschen niemals zu sehen bekommen. Winzige pflanzliche Lebewesen wie die Bakterien kann man nur unter dem Mikroskop erkennen.

Dieses Buch handelt von allen lebenden Organismen und ihren Gemeinsamkeiten; es erklärt, warum Pflanzen und Tiere einander brauchen, und stellt einige der wunderbaren Geschöpfe vor, die die Erde bevölkern. Alles, was zum Leben notwendig ist, findet sich auf unserem Planeten. Zu diesen unentbehrlichen Dingen zählen Luft, Wasser, Nahrung und Mineralstoffe. Wärme und Licht für das Leben auf der Erde kommen von der Sonne.

Die chemisch nicht weiter zerlegbaren Grundstoffe, aus denen sich alle anderen Stoffe zusammensetzen, bezeichnet man als Elemente. Zweiundneunzig Elemente sind in der Natur nachgewiesen. Die Lebewesen bauen aus diesen Elementen die verschiedenen Teile ihres Körpers auf. Sechs von diesen Elementen, nämlich Wasserstoff, Sauerstoff, Kohlenstoff, Stickstoff, Phosphor und Schwefel, bilden 99 Prozent der lebenden Materie. Da jedes Element auf der Erde nur in begrenzter Menge vorkommt, müssen lebende Organismen die Elemente immer wieder verwenden, damit der Vorrat nicht aufgebraucht wird.

Der Kohlenstoffkreislauf

Das Element Kohlenstoff ist ein wichtiger Bestandteil der lebenden Materie. Es findet sich auch in nichtlebender Materie wie Kalkstein und Kohle. In der Luft und im Wasser ist Kohlenstoff als das Gas Kohlendioxid vorhanden.

Grüne Pflanzen nehmen Kohlendioxid auf und erzeugen mit seiner Hilfe Glukose, einen Zucker (rote Pfeile). Pflanzen brauchen Zucker als Energielieferanten und für die Bildung von Blättern, Sproßachsen (Stengel, Stämme) und Wurzeln. Wenn Tiere Pflanzen fressen, wird der in den Pflanzen enthaltene Kohlenstoff dazu verwendet, ihren Körper aufzubauen. Wenn ein Tier ein anderes frißt, wird der Kohlenstoff weitergegeben.

Wenn grüne Pflanzen der Luft und dem Wasser unaufhörlich Kohlendioxid entzögen, würde schließlich das gesamte Kohlendioxid aufgebraucht sein. Aber das geschieht nicht. Die purpurfarbenen Pfeile zeigen, wie Kohlendioxid wieder in die Luft und ins Wasser zurückgelangt.

Kohlenstoff zirkuliert also zwischen Lebewesen und

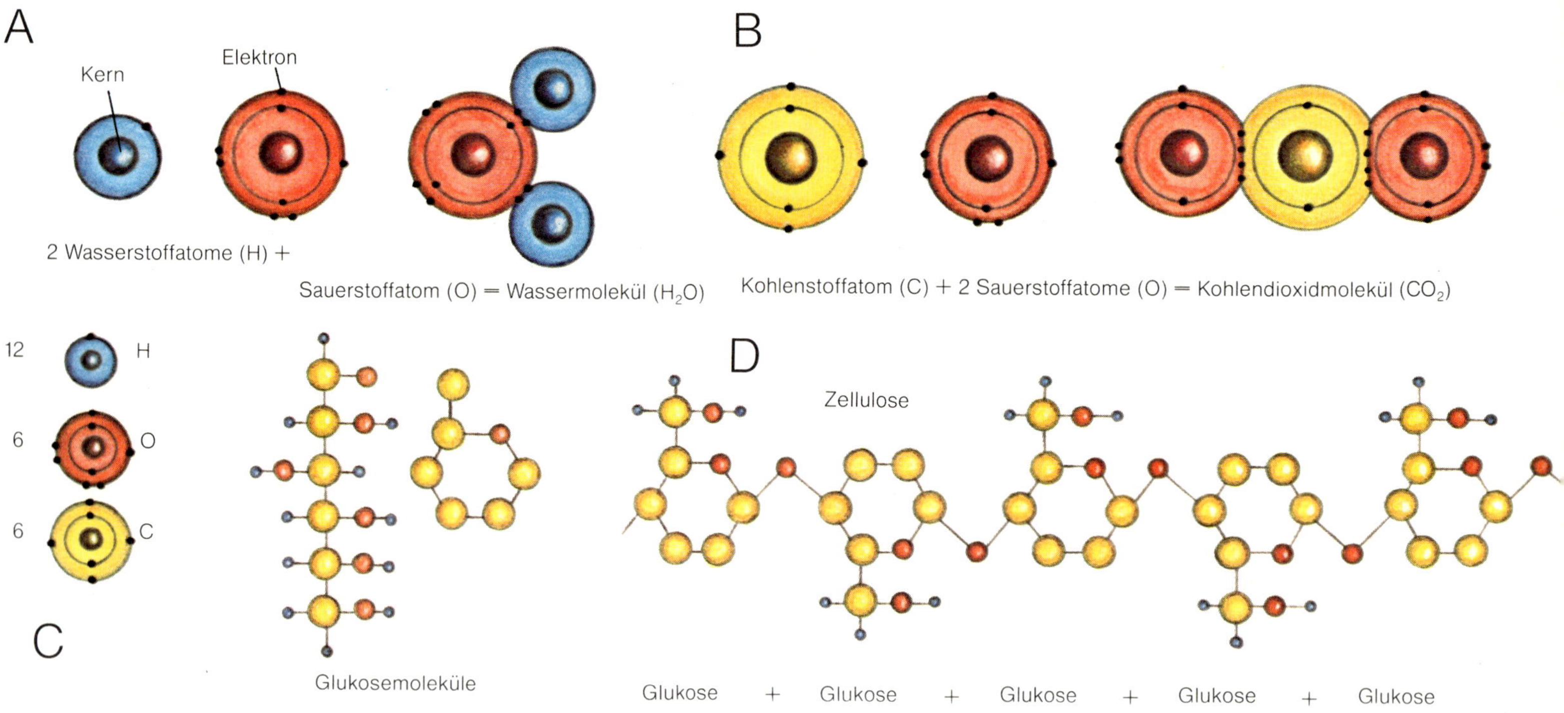

ATOME UND MOLEKÜLE Elemente bestehen aus Atomen. Jedes Atom hat einen Kern. Um den Kern kreisen Elektronen. Atome können gemeinsame Elektronen haben. Wasser (A) und Kohlendioxid (B) bestehen aus Atomen mit gemeinsamen Elektronen. Ein Molekül des Zuckers Glukose (C) hat viele Atome. Wenn Glukose in Wasser gelöst ist, bilden ihre Atome einen geschlossenen Ring. Zellulose (D) besteht aus aneinandergereihten Glukosemolekülen.

nichtlebender Materie. Doch welchen Weg er auch nimmt, er kehrt als Kohlendioxid ins Wasser und in die Luft zurück und kann von Pflanzen und Tieren immer wieder verwendet werden.

Atome und Moleküle

Elemente bestehen aus Bausteinen, die man Atome nennt. Im Mittelpunkt jedes Atoms befindet sich der Kern, in dem fast die ganze Masse des Atoms konzentriert ist. Um den Kern bewegen sich winzige Teilchen, die Elektronen. Elektronen wiegen sehr wenig und umkreisen den Kern sehr schnell. Da sie sich so schnell bewegen, ist es fast unmöglich, zu sagen, wo sich ein Elektron in einem bestimmten Moment befindet.

Das einfachste Atom ist das Wasserstoffatom. Um seinen Kern kreist ein einziges Elektron. Ein Kohlenstoffatom hat sechs Elektronen (siehe die Abb.).

Alles auf der Erde besteht aus Kombinationen von Atomen. Den Zusammenhalt von zwei oder mehreren Atomen bewirken Bindungskräfte. Manchmal geben Atome Elektronen an andere Atome ab. Dadurch entsteht eine Ionen-Bindung. Elektronen können Atomen auch gemeinsam angehören. Diese Bindung ist fester und wird als kovalente Bindung bezeichnet.

Wenn sich zwei oder mehrere Atome miteinander verbinden, bilden sie Moleküle. Die Atome in einem Molekül können gleichartig oder verschiedenartig sein. Ein Sauerstoffmolekül zum Beispiel besteht aus zwei Sauerstoffatomen mit gemeinsamen Elektronen. Im Wassermolekül haben zwei Wasserstoffatome und ein Sauerstoffatom gemeinsame Elektronen. In einem Molekül Kohlendioxid verbindet sich ein Kohlenstoffatom mit zwei Sauerstoffatomen.

Makromoleküle (sehr große Moleküle) bestehen aus vielen Atomen. Glukose zum Beispiel, ein einfacher Zucker, besteht aus sechs Kohlenstoffatomen, zwölf Wasserstoffatomen und sechs Sauerstoffatomen, die miteinander verbunden sind. Die Kohlenstoffatome bilden die Hauptkette des Glukosemoleküls. Die anderen Atome sind allesamt an diese Hauptkette gebunden. Glukose ist der Hauptenergiespender für die meisten lebenden Organismen. Wenn die Bindungen, die die Atome in der Glukose zusammenhalten, gelöst werden, wird Energie frei.

Zusammen mit anderen Zuckern gehört Glukose zu den Kohlenhydraten, einer Gruppe wichtiger Naturstoffe. Einige Kohlenhydrate wie zum Beispiel der Haushaltszucker bestehen aus nur wenigen miteinander verknüpften Zuckermolekülen. Andere, beispielsweise Stärke und Zellulose, bestehen aus Hunderten von Zuckermolekülen in langen Ketten. Stärke findet sich in Lebensmitteln wie z. B. Kartoffeln. Zellulose ist das feste, faserartige Material in Pflanzen.

Kohlenhydrate sind nicht die einzigen makromolekularen Stoffe, die es in allen lebenden Organismen gibt; drei weitere wichtige Gruppen sind Proteine (S. 22), Fettstoffe (S. 26) und Nukleinsäuren (S. 66).

Moleküle selbst leben nicht. Aber auf bestimmte Arten verknüpft, bilden sie die Bestandteile lebender Zellen.

Tierische Zellen

Zellen sind lebende Bau- und Funktionseinheiten. Der Körper jedes Lebewesens ist aus Zellen aufgebaut. Ohne Zellen gäbe es kein Leben. Der menschliche Körper besteht aus mehreren Billionen Zellen verschiedener Größe und Gestalt. Fast alle Zellen sind so winzig, daß man sie nur mit dem Mikroskop erkennen kann.

In den Zellen finden sich besondere Gebilde, die Organellen. Jedes Zellorganell hat eine bestimmte Aufgabe zu erfüllen. Solche Aufgaben sind: Aufnahme von Nahrung und ihre Zerlegung in einfache Moleküle, Freisetzung von Energie aus der Nahrung, Bau und Reparatur von Zellbestandteilen, Abgabe von schädlichen Abbaustoffen, Aufbau weiterer Zellen.

Die Zelle ist außen von der elastischen Zellmembran umgeben. Alles, was in eine Zelle hineingelangt oder sie verläßt, muß durch die Zellmembran hindurchtreten. Die meisten Membranen bestehen aus Proteinen und zwei Schichten von Fettstoffen (S. 26).

Zellen gliedern sich in Zytoplasma und Zellkern. Die Organellen schwimmen in dem gallertartigen Zytoplasma. Das

TIERISCHE ZELLE Zellen sind Bau- und Funktionseinheiten aus lebender Materie, die sich in einen Zellkern und Zytoplasma gliedern. Der Zellkern steuert den Stoffwechsel der Zelle. Das Zytoplasma enthält besondere Gebilde, Organellen genannt. Die äußere Umhüllung der Zelle ist die elastische Zellmembran.

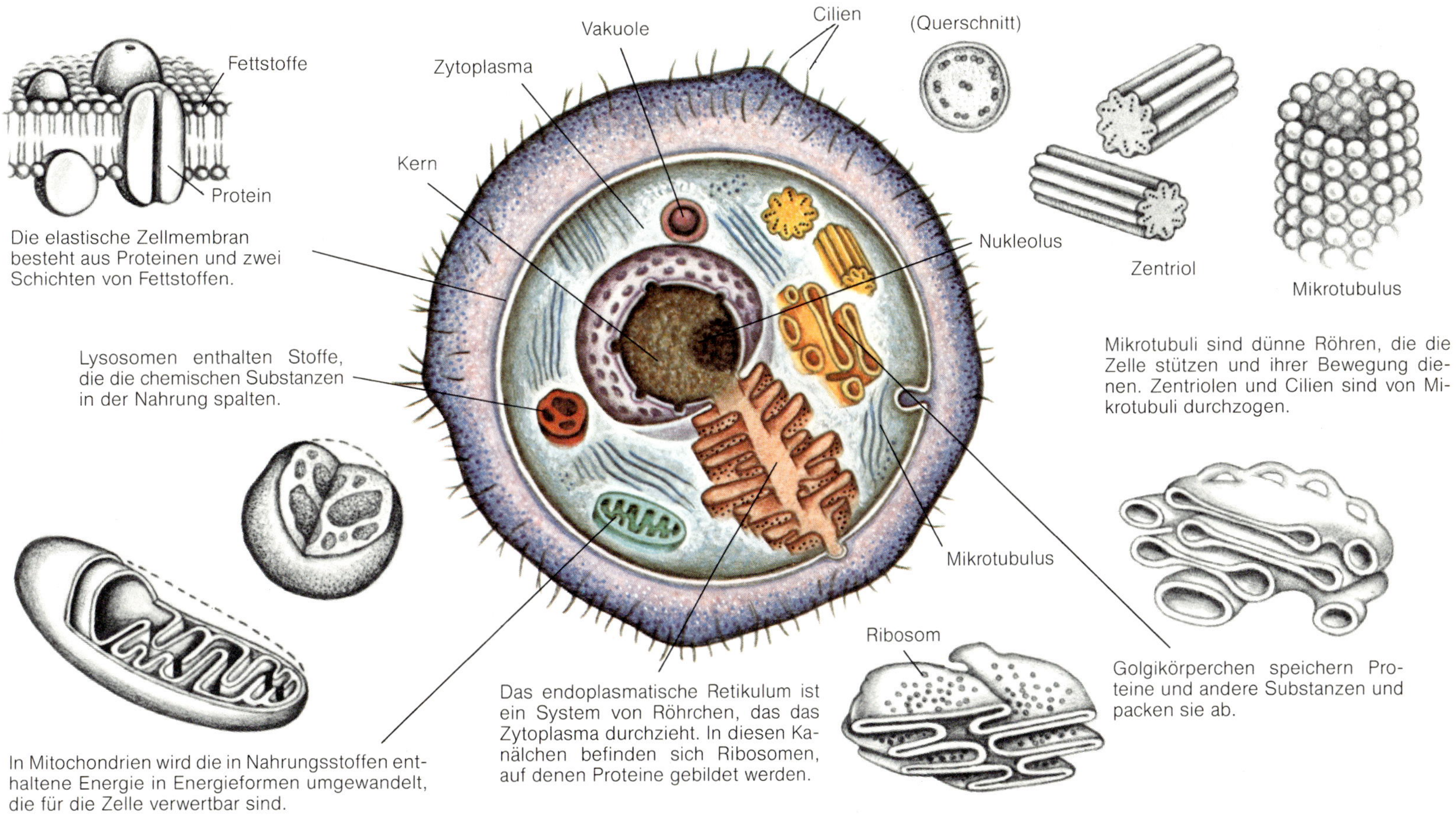

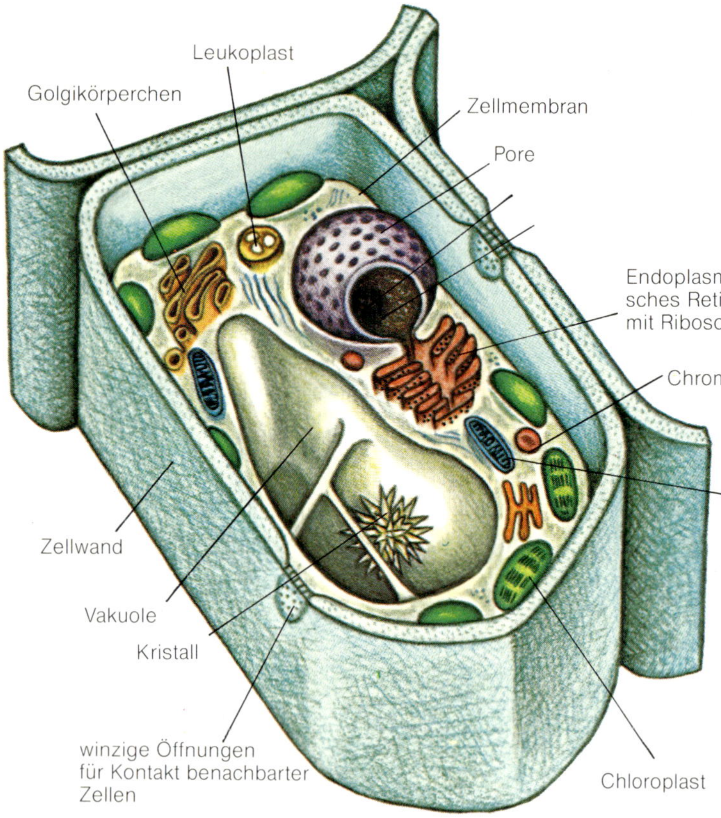

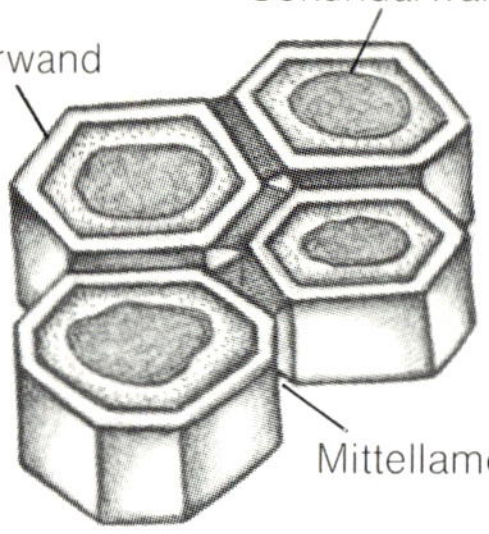

Zellulose ist der Hauptbaustoff der festen Zellwand. Manche Zellen haben zwei Wände. Die Mittellamelle hält zwei Pflanzenzellen zusammen.

Mit Hilfe der Photosynthese entsteht in Chloroplasten Nahrung. Im Inneren der Chloroplasten sind flache Membranscheiben gestapelt.

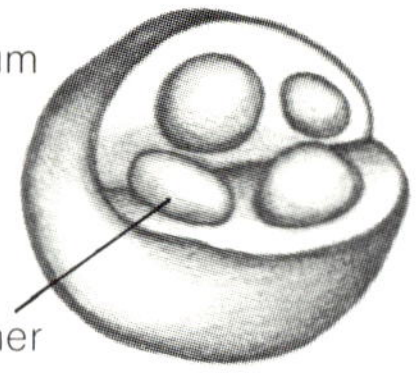

Leukoplasten sind am Aufbau und an der Speicherung von Substanzen wie z. B. Stärke beteiligt.

PFLANZENZELLE Pflanzenzellen haben Bestandteile, die tierischen Zellen fehlen — Chloroplasten, Leukoplasten und eine Zellwand. Pflanzen bilden in Chloroplasten Nahrung und Sauerstoff. Chlorophyll, der grüne Farbstoff in den Chloroplasten, verleiht den meisten Pflanzen ihre Farbe. Große Vakuolen enthalten den Zellsaft. Pflanzenzellen bilden Zellulose für ihre dickeren Zellwände.

Schwimmen ist möglich, weil das Zytoplasma hauptsächlich aus Wasser besteht. Der Zellkern steuert die Vorgänge der Zelle, ohne ihn könnte eine Zelle weder wachsen noch sich vermehren.

Der Zellkern ist von einer Doppelmembran (zwei Membranen mit einem Zwischenraum) umgeben. An verschiedenen Stellen sind die beiden Membranen so zusammengedrückt, daß dort Poren entstehen. Diese Poren sind nicht vollständig offen. Dennoch können bestimmte Moleküle hindurchgelangen; dies ermöglicht den Stoffaustausch zwischen dem Zellkern und der übrigen Zelle.

Im Zellkern fällt ein dichter Bezirk auf, der Nukleolus. Hier stellt die Zelle einige Bestandteile her, die sie zur Biosynthese von Eiweiß braucht. Diese Bausteine wandern aus dem Kern in das Zytoplasma.

Im Zytoplasma finden dauernd chemische Reaktionen statt. Durch mit Flüssigkeit gefüllte Kanäle, das endoplasmatische Retikulum, können Moleküle von einem Teil des Zytoplasmas in einen anderen gelangen.

Ribosomen sind kleine runde Körperchen im Zytoplasma, in denen Proteine aufgebaut werden. Diesen Prozeß erläutern wir auf S. 22. Bestimmte Proteine werden in Golgikörperchen gespeichert; andere werden dort abgepackt und für Aufgaben im Zytoplasma weitergegeben. Für ihr Wachstum und zu ihrer Gesunderhaltung brauchen alle Zellen Energie aus Nahrungstoffen. Die in der Nahrung gespeicherte Energie muß chemisch in Formen verwandelt werden, die die Zelle verwerten kann. Diese Umformung geht in den zylindrischen Mitochondrien vor sich und ist ein Teil des Atmungsprozesses (S. 27).

Viele Zellen haben an ihrer Oberfläche fadenförmige, aus Mikrotubuli aufgebaute Fortbewegungsorganellen. Wenn diese sehr zahlreich ausgebildet und kurz sind und ruderartig schlagen, werden sie als Wimpern oder Cilien bezeichnet, wenn nur eine oder wenige vorhanden sind und sie lang sind, heißen sie Geißeln. Mikrotubuli im Inneren einer Zelle geben der Zelle Halt.

Wenn eine Zelle sich teilt, entstehen zwei neue Zellen. Während der Teilung wandern DNS-Moleküle im Zellkern auseinander (siehe S. 67). An diesem Prozeß sind zwei Zentriolen in Zellkernnähe beteiligt. Zentriolen bestehen ebenfalls aus Mikrotubuli.

Pflanzliche Zellen

Pflanzenzellen unterscheiden sich von tierischen Zellen. Außer einem Zellkern, einer Zellmembran und Zytoplasma weisen sie einige Bestandteile auf, die den tierischen Zellen fehlen. In einem linsenförmigen Gebilde, Chloroplast genannt, produzieren Pflanzenzellen mit Hilfe der Photosynthese (siehe S. 15) Glukose. Chloroplasten enthalten einen grünen chemischen Stoff, das Chlorophyll. Oft sind in jeder Pflanzenzelle viele Chloroplasten vorhanden.

Wenn Pflanzenzellen mehr Zucker herstellen, als sie brauchen, können sie ihn als Stärke in Leukoplasten speichern. Auch Proteine und Fettstoffe werden in Leukoplasten gespeichert.

Viele Früchte, Blüten und Herbstblätter sind nicht grün. Bei den gelben oder orangefarbenen kommt die Färbung von chemischen Stoffen, die in Chromoplasten in ihren Zellen hergestellt werden.

Bei anderen Pflanzen gibt es Zellen mit roten, blauen oder purpurfarbenen chemischen Stoffen in großen, flüssigkeitserfüllten Hohlräumen, die als Vakuolen bezeichnet werden. In Vakuolen befindet sich der Zellsaft, der aus Wasser, Gasen, Salzen und Zuckern besteht. Oft werden Vakuolen so groß, daß sie die anderen Bestandteile der Zelle gegen die Zellmembran zurückdrängen.

Nahezu alle Pflanzenzellen besitzen eine starre Zellwand, die die Zellmembran umgibt. Diese festen, dicken Wände verleihen der Zelle einen zusätzlichen Halt. Zellwände bestehen aus langen Ketten von Zellulose. Eine Pflanzenzelle kann mit einer anderen durch winzige Öffnungen in der Zellwand in Verbindung treten.

Zelle, Gewebe und Organ

Es gibt tausenderlei Arten von Lebewesen, deren Körper nur aus einer einzigen, winzigen Zelle bestehen. Einige sind auf dieser Seite abgebildet. Bei diesen Organismen kann die eine Zelle alle lebensnotwendigen Leistungen erbringen, also z. B. Nahrung aufnehmen und Abfallstoffe ausscheiden.

Die einzelligen Lebewesen sind erstaunlich verschiedenartig. Wie Pflanzenzellen können drei dieser Einzeller (Euglena, Kieselalge und eine Grünalge der Gattung Chlamydomonas) ihre Nahrung selber herstellen; die übrigen müssen sich ihre Nahrung im Wasser verschaffen, wo sie leben.

Manchmal schließen sich Einzelzellen zu Kolonien zusammen. Volvox ist eine solche Kolonie; auch sie kann sich ihre eigene Nahrung bilden.

Die meisten Pflanzen und Tiere bestehen aus vielen Zellen. Aber diese Zellen sind nicht alle identisch. Verschiedene Zelltypen haben verschiedene Aufgaben. Bei Pflanzen zum Beispiel gibt es Wurzelzellen, die Mineralstoffe und Wasser aus dem Boden aufnehmen, und Blattzellen, die Nahrung produzieren. Beim Menschen gibt es z. B. besondere Zellen für das Sehen und andere Zellen für die aktive Bewegung.

In den meisten Pflanzen und Tieren sind Zellen zu Geweben und Organen vereinigt. Unter einem Gewebe versteht man einen Verband von Zellen mit gemeinsamen Aufgaben. Muskelgewebe beispielsweise ist aus vielen einzelnen Muskelzellen aufgebaut.

Verschiedene Gewebe, die zusammenwirken, bilden Organe. Solche Organe sind z. B. unser Magen, unsere Nieren und unsere Lungen. Teile eines Organs der gleichen Funktion, die im Körper verstreut angeordnet sind, bezeichnet man als System (z. B. Nervensystem).

Jeder lebende Organismus, ob Einzeller oder Vielzeller, hat bestimmte Grundbedürfnisse. Eines der elementarsten Bedürfnisse ist das nach Nahrung.

Es gibt tausenderlei Arten von einzelligen Organismen. Unten sind ein paar abgebildet.

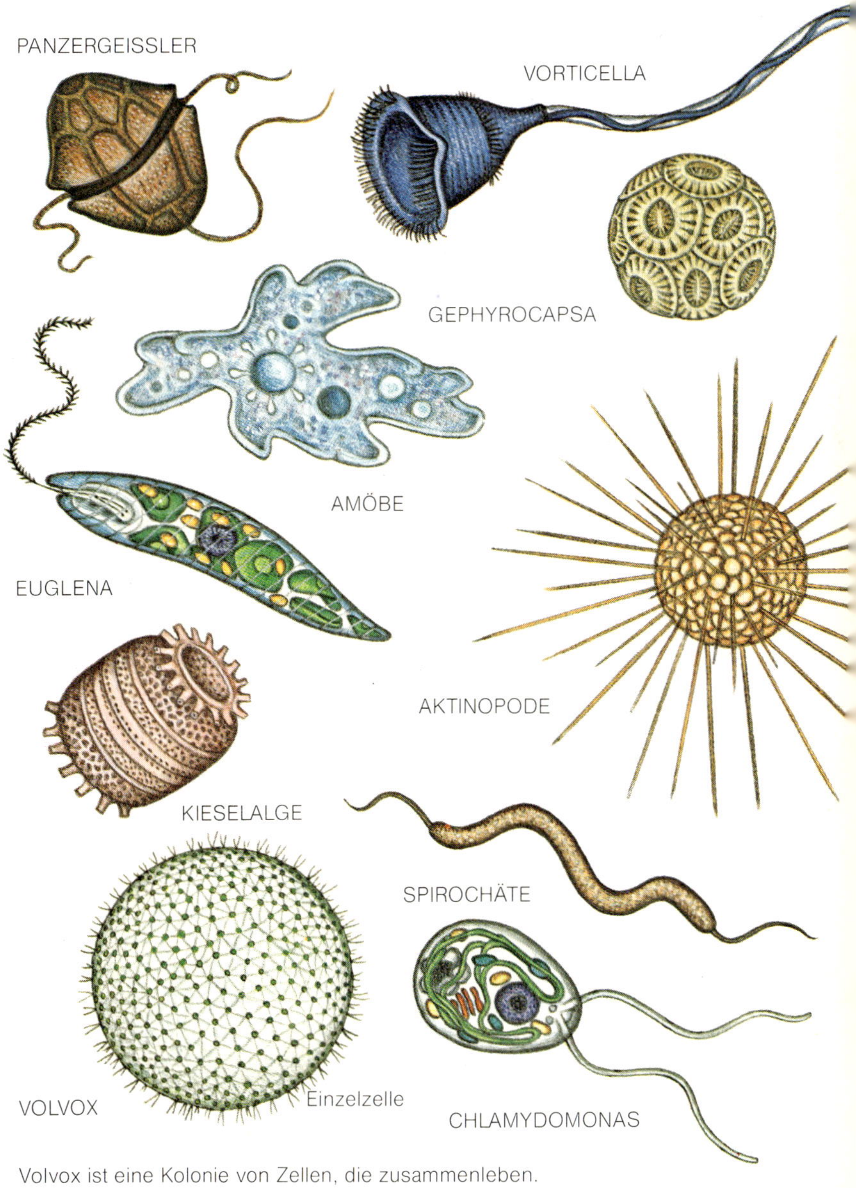

Volvox ist eine Kolonie von Zellen, die zusammenleben.

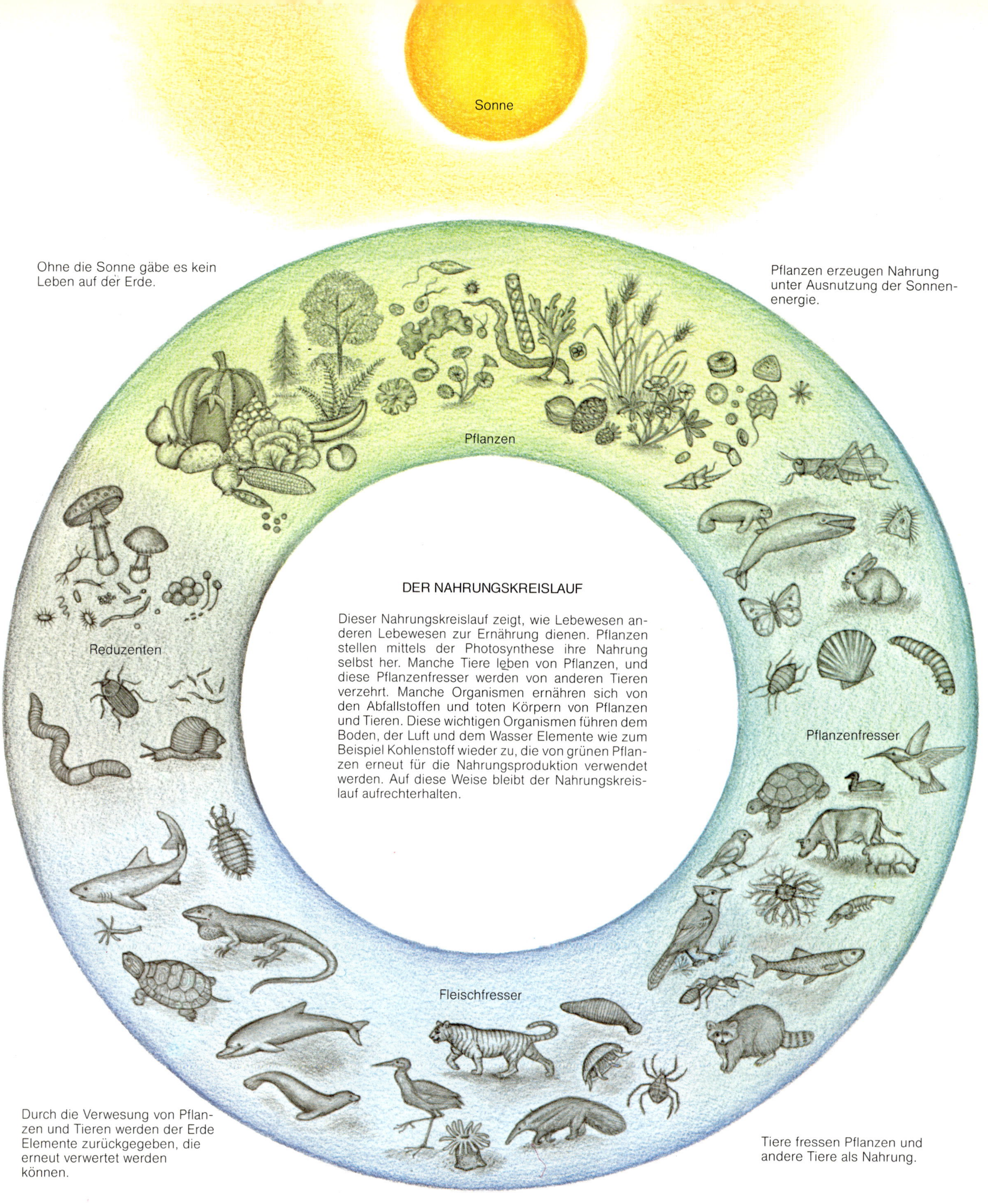

DER NAHRUNGSKREISLAUF

Dieser Nahrungskreislauf zeigt, wie Lebewesen anderen Lebewesen zur Ernährung dienen. Pflanzen stellen mittels der Photosynthese ihre Nahrung selbst her. Manche Tiere leben von Pflanzen, und diese Pflanzenfresser werden von anderen Tieren verzehrt. Manche Organismen ernähren sich von den Abfallstoffen und toten Körpern von Pflanzen und Tieren. Diese wichtigen Organismen führen dem Boden, der Luft und dem Wasser Elemente wie zum Beispiel Kohlenstoff wieder zu, die von grünen Pflanzen erneut für die Nahrungsproduktion verwendet werden. Auf diese Weise bleibt der Nahrungskreislauf aufrechterhalten.

Ohne die Sonne gäbe es kein Leben auf der Erde.

Pflanzen erzeugen Nahrung unter Ausnutzung der Sonnenenergie.

Tiere fressen Pflanzen und andere Tiere als Nahrung.

Durch die Verwesung von Pflanzen und Tieren werden der Erde Elemente zurückgegeben, die erneut verwertet werden können.

Nahrungsbedarf

Wenn eine Maschine Arbeit verrichten soll, braucht sie dazu Energie. Ebenso brauchen die Bestandteile einer Zelle stets Energie, um ihre verschiedenen Aufgaben zu erfüllen. Es gibt viele Energieformen — Wärme, Licht, Schall, elektrische Energie und chemische Energie. Chemische Energie ist diejenige Energie, die Zellen verwerten können.

Pflanzen und Tiere gewinnen Energie aus der Nahrung. Energie ist in den Molekülen der Nahrungsstoffe gespeichert. Die häufigste Energiequelle ist die Glukose.

Aus der Nahrung gewinnen Zellen auch sechs Arten von Bausteinen, die man als Nährstoffe bezeichnet. Diese sechs Nährstoffe sind Kohlenhydrate, Proteine, Fette, Vitamine, Mineralstoffe und Wasser. Kohlenhydrate, Proteine und Fette enthalten die Energie und die Baustoffe, ohne die Zellen nicht wachsen können. Mineralstoffe und Vitamine sind für die in den Zellen stattfindenden chemischen Vorgänge unentbehrlich. Was Vitamine betrifft, kommen Zellen mit winzigen Mengen aus. Gewöhnlich benötigen Zellen manche Mineralstoffe wie zum Beispiel Natrium in viel größeren Mengen als andere Mineralstoffe wie z. B. Kupfer. Wasser findet sich in jeder Zelle. Unser Körper besteht zu rund 75 Prozent aus Wasser. Wasser ist auch an chemischen Reaktionen beteiligt.

Der Nahrungskreislauf

Um sich zu ernähren, fressen die meisten Lebewesen andere Lebewesen. Die Illustration zeigt, wie im Nahrungskreislauf ein Organismus einem anderen als Nahrung dient.

Grüne Pflanzen stehen obenan in dem Kreis, weil sie ihre Nahrung selber erzeugen. Im Uhrzeigersinne weitergehend, begegnen wir einigen Tieren, die Pflanzen fressen.

Mikroskopisch kleine Pflanzen, die Algen, bewohnen Gewässer überall auf der Erde. Algen werden von mikroskopisch kleinen Tieren verzehrt. Billionen solcher im Wasser schwebender pflanzlicher und tierischer Organismen bilden das Plankton. Plankton ist Nahrung für kleine Fische und sogar für einige große Tiere wie z. B. Wale.

Der blaue Kreisabschnitt zeigt einige fleischfressende Tiere. Meist ist es so, daß kleinere Tiere von größeren gefressen werden. Manche Tiere, z. B. Waschbären und Menschen, verzehren sowohl Pflanzen als auch andere Tiere.

Alles, was lebt, muß einmal sterben. In dem grauen Kreisbereich finden wir die Geschöpfe, die die Abfallstoffe und Leichen von Tieren und Pflanzen fressen. Diese Lebewesen zerlegen tote Körper in einfache Substanzen, die wieder in den Boden gelangen und von anderen Lebewesen verwertet werden können. Eine dieser Substanzen, das Kohlendioxid, dient Pflanzen zum Aufbau ihrer Nahrung.

Energie von der Sonne

Grüne Pflanzen erhalten die Energie zur Produktion ihrer Nahrung von der Sonne. Pflanzenzellen wandeln die im Sonnenlicht enthaltene Energie in chemische Energie um und speichern sie in Molekülen, die als ATP (Adenosintriphosphat) bezeichnet werden. ATP überträgt chemische Energie dorthin, wo Glukose erzeugt wird.

ATP

Jedes ATP-Molekül enthält drei Phosphoratome, die zu einer Kette aneinandergereiht sind. Chemische Energie ist in den Phosphatbindungen gespeichert, die den Zusammenhalt dieser Phosphoratome bewirken. Wird in einer Zelle Energie benötigt, so wird die letzte Phosphatbindung gelöst. Wird mehr Energie benötigt, wird die mittlere Bindung gelöst. Beim Aufspalten der Bindungen wird Energie freigesetzt. Wie Batterien können ATP-Moleküle wieder aufgeladen werden, nachdem sie ihre Energie abgegeben haben. Sie laden sich erneut auf, indem sie mehr chemische Energie aufnehmen und die Phosphatbindungen wiederherstellen. Sowohl pflanzliche als auch tierische Zellen verwenden ATP zur Speicherung und Übertragung von Energie.

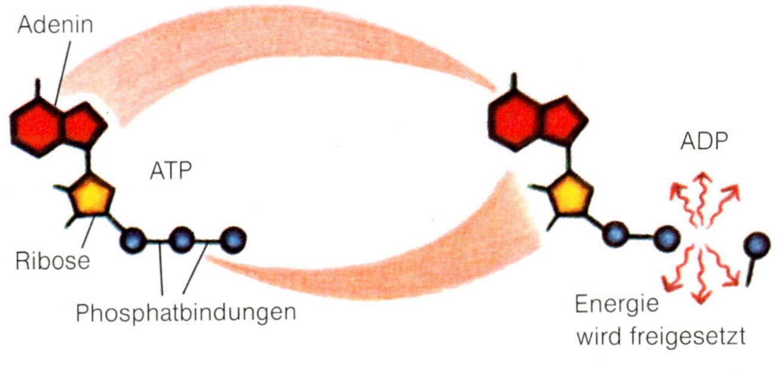

ENERGIE FÜR LEBENSVORGÄNGE Alle Lebewesen benutzen ATP zur Speicherung, zum Transport und zur Übertragung von Energie. ATP hat drei miteinander verbundene Phosphoratome. In diesen Phosphatbindungen ist Energie gespeichert. Wenn Energie benötigt wird, wird die letzte Bindung gelöst, und ATP wird zu ADP (Adenosindiphosphat). Wie eine Batterie kann das ATP wieder aufgeladen werden, wenn das ADP mehr Energie aufnimmt und die gelöste Bindung wiederherstellt.

NAHRUNGSPRODUKTION Während der Photosynthese stellen grüne Pflanzen unter Ausnutzung der Lichtenergie von der Sonne Glukose her. Die Photosynthese spielt sich hauptsächlich in den Blättern ab. Zur Glukoseerzeugung benötigt die Pflanze Kohlendioxid und Wasser. Wasser gelangt über die Wurzeln in die Blätter, Kohlendioxid tritt durch winzige Spaltöffnungen (Stomata) in die Blätter ein.

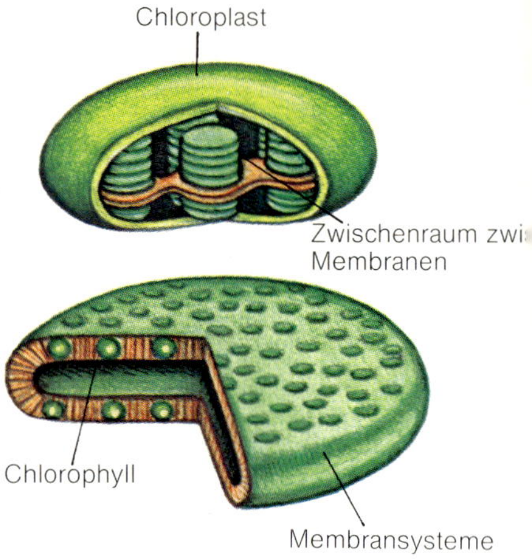

Glukose wird nur in Zellen hergestellt, die Chlorophyll enthalten. Chlorophyll findet sich in Chloroplasten an Membransystemen. Hier wird Lichtenergie eingefangen und in chemische Energie umgewandelt. Mittels der chemischen Energie wird in dem Zwischenraum zwischen den Membranen Glukose produziert.

Photosynthese

Grüne Pflanzen stellen Nahrung mittels Photosynthese her. Sie nehmen die von der Sonne kommende Lichtenergie auf und wandeln sie in chemische Energie um, und zwar in die von ATP. Diese Energie dient zur Bildung von Glukose. Ohne Pflanzen gäbe es keine Nahrungsstoffe und ohne die Sonne kein Leben auf der Erde.

Das Sonnenlicht besteht aus Teilchen, den Photonen. Jedes Photon ist ein Paket von Energiewellen. Die verschiedenen Energiewellen sind in den Farben des Regenbogens sichtbar.

Die Photosynthese spielt sich hauptsächlich in den Blättern der Pflanze ab. Die Blätter sind so dünn, daß keine ihrer Zellen weit von der Oberfläche entfernt liegt. Wenn Sonnenlicht auf die Blattoberfläche auftrifft, wird Energie von Pflanzenzellen absorbiert und von Chlorophyllmolekülen eingefangen.

Glukose entsteht nur in Zellen, die Chlorophyll enthalten. In den meisten Pflanzenzellen findet sich das Chlorophyll an Membransystemen im Inneren von Chloroplasten.

Glukose besteht aus Kohlenstoff-, Sauerstoff- und Wasserstoffatomen (S. 8). Zur Herstellung von Glukose benötigen Pflanzen alle diese Atome. Kohlendioxid liefert die Kohlenstoff- und Sauerstoffatome. Es dringt durch die Spaltöffnungen (Stomata) in die Blätter ein. Die meisten Spaltöffnungen öffnen sich nur tagsüber, wenn die Sonne scheint.

Die Wasserstoffatome für die Glukoseproduktion erhält die Pflanze aus Wasser. Das Wasser wird von den Wurzeln aufgenommen und zu den Blättern emporgeleitet. Alle Pflanzenzellen sind von Wasser umspült.

Den Prozeß der Photosynthese zeigt die Illustration auf S. 15. Im Verlauf der Photosynthese werden Wassermolekülen Wasserstoffatome entzogen. Dabei wird Sauerstoff frei, der in die Luft entweicht. Tiere und Pflanzen brauchen eine stetige Sauerstoffzufuhr für die Atmung (S. 27). Unter Wasser geben Pflanzen, die die Photosynthese durchführen, Sauerstoff in das Wasser ab.

Allenthalben auf der Erde produzieren Pflanzen Nahrung und scheiden Sauerstoff ab. Solange sie das tun, werden Nahrung und Sauerstoff nie alle.

DER VORGANG DER PHOTOSYNTHESE In der Photosynthese erzeugen Pflanzen Glukose. Dazu benötigen sie Kohlenstoff-, Sauerstoff- und Wasserstoffatome. Und sie benötigen Energie. Die Zeichnung unten zeigt das Innere eines Blattes.

1. Wenn die Sonne scheint, nehmen Blattzellen Sonnenlicht auf. Im Inneren der Chloroplasten nehmen Elektronen in Chlorophyllmolekülen soviel Lichtenergie auf, daß sie aus ihren Molekülen „herausschleudern". Wenn ein Chlorophyllmolekül ein Elektron verliert, ist es nicht mehr komplett; um wieder komplett zu werden, übernimmt es ein Elektron von einem Wassermolekül.

2. Wenn einem Wassermolekül ein Elektron entzogen wird, spaltet sich Wasser in Wasserstoff und Sauerstoff. Der Sauerstoff entweicht in die Luft, und einen Teil davon atmen wir ein. Der Wasserstoff bleibt übrig und dient zur Bildung von Glukose.

3. Die Energie in dem „herausgeschleuderten" Elektron wird zum Aufbau von ATP genutzt. Aus Lichtenergie wird chemische Energie, die die Zelle verwenden kann.

4. Wenn die Spalte geöffnet sind, tritt Kohlendioxid aus der Luft in die Blätter ein. Es liefert die Kohlenstoff- und Sauerstoffatome für die Glukosebildung.

5. Durch eine Folge von chemischen Reaktionen entsteht Glukose. Die für diese Reaktionen erforderliche Energie stammt von den ATP-Molekülen. Wenn ATP Energie verliert, kehrt das übrigbleibende ADP zu Stufe 3 zur Wiederaufladung zurück. Da die Zelle mit chemischer Energie arbeitet, kann dieser Teil des Prozesses ohne Licht ablaufen.

6. Pflanzenzellen brauchen Glukose zur Bildung von Zellulose und Fetten. Etwas Glukose wird zu Zellen transportiert, die Energie benötigen, zum Beispiel Wurzelzellen. Nicht verbrauchte Glukose kann als Stärke gespeichert werden.

Pflanzenernährung

Außer Glukose benötigen Pflanzen zu ihrem Gedeihen Proteine, Fette, Vitamine, Mineralstoffe und Wasser. Pflanzenzellen können die Fette und Vitamine, die sie brauchen, selbst bilden. Sie können auch Proteine aufbauen, aber nur mit Hilfe von Stickstoff. Stickstoff, Wasser und Mineralstoffe müssen die Pflanzen dem Boden entnehmen.

Der Boden

Der Boden bildet die oberste Schicht der festen Erdrinde. Er besteht aus Gesteins- und Mineralteilen, Pflanzen- und Tierresten, Bodenwasser und Bodenluft. In ihm leben Bakterien, Pilze, Regenwürmer, Insekten und wühlende Bodentiere.

Böden setzen sich aus verschiedenartigen Bodenteilchen zusammen. In Hohlräumen zwischen den Bodenteilchen werden Luft und Wasser festgehalten. Die größten Bodenteilchen sind Sand, die kleinsten sind Ton. Tone tragen wesentlich dazu bei, daß der Boden Minerale und Wasser festhalten kann.

In Bodenhohlräumen festgehaltenes Wasser bildet um jede Bodenpartikel einen Wasserfilm. Pflanzen brauchen Wasser für die Photosynthese, Wasser transportiert Nahrung innerhalb der Pflanze, Mineralstoffe können nur in Wasser gelöst zu den Pflanzenzellen gelangen.

Bestimmte Mineralstoffe entnimmt die Pflanze dem Boden durch Wurzelhaare. Zum Aufbau der Zellwände und Zellmembranen benötigen Pflanzen große Mengen von Kalzium und Kalium. Magnesium ist für die Bildung von Chlorophyll erforderlich, Phosphor für die von ATP.

Die Luft besteht zwar zu 78 Prozent aus Stickstoff, aber

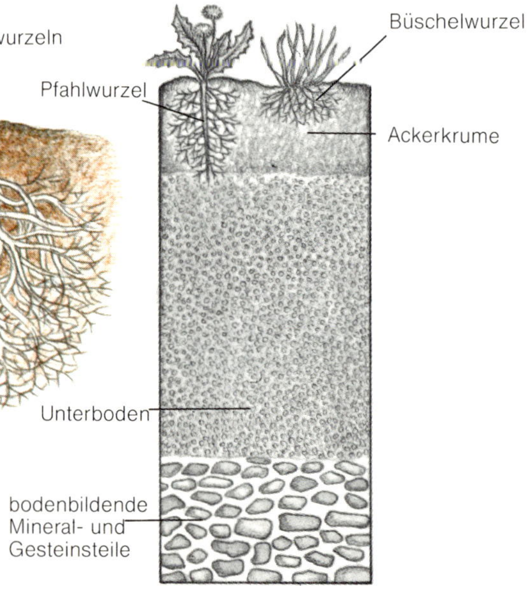

WURZELSYSTEME Bei Pflanzenwurzelsystemen unterscheidet man zwei Hauptarten. Das Pfahlwurzelsystem hat eine einzelne Hauptwurzel; das Büschelwurzelsystem weist mehrere gleichzeitig wachsende Wurzeln auf. Bei der Pfahl- wie bei der Büschelwurzel entwickeln sich kleine Wurzeln an großen Wurzeln. Die Aufnahme von Wasser und Mineralstoffen aus dem Boden erfolgt durch Millionen winziger Wurzelhaarzellen. Manche Pflanzen wie z. B. der Mais besitzen zudem aus dem Stengel hervorgehende Stützwurzeln, die es dem Wind erschweren, die Pflanze umzublasen.

mit Stickstoff in dieser Form können Pflanzen nichts anfangen. Bakterien im Boden müssen den Luftstickstoff in Nitrate umwandeln, die die Pflanze aufnehmen kann. Manche dieser Bakterien leben an den Wurzeln von Pflanzen wie z. B. Erbsen und Bohnen. Andere Bodenbakterien bilden Nitrate aus abgestorbenem pflanzlichem und tierischem Material.

Wurzeln

Die Wurzeln verankern die Pflanze im Boden. Besondere Wurzelzellen nehmen durch winzige, sehr dünne Wurzelhaare Wasser und Mineralstoffe auf. Pflanzen besitzen sehr viele Wurzelhaare. Bei manchen Pflanzen entwickeln sich jeden Tag hundert Millionen neuer Wurzelhaare. Die Wurzeln müssen kontinuierlich wachsen, damit die Pflanzen immer genug Wasser und Mineralstoffe aufnehmen können. Dieses ständige Wachstum verlangt eine ständige Energiezufuhr.

Wurzelzellen haben weder Chloroplasten noch Chlorophyll, daher können sie keine Nahrung herstellen. Sie werden von den Blättern mit Glukose versorgt. Die Wurzelzellen machen sich die in den Glukosemolekülen gespeicherte Energie mit Hilfe des Sauerstoffs der Bodenluft nutzbar. Wenn der Boden zuviel Wasser enthält, wird die Luft hinausgedrängt und die Wurzelzellen sterben ab.

Man unterscheidet zwei hauptsächliche Wurzelsysteme. Viele Gartenpflanzen und Gräser besitzen ein Büschelwurzelsystem mit mehreren Wurzeln, denen viele kleine Seitenwurzeln entsprießen. Bei einem Pfahlwurzelsystem wie dem der meisten Bäume und u. a. der Möhre gibt es nur eine einzige Wurzel, die Haupt- oder Pfahlwurzel, an der sich Seitenwurzeln bilden. Manche Wurzeln dringen 4 m tief in den Boden ein, andere streichen flach nach allen Seiten aus (Flachwurzler).

Nahrung speichern

Wenn Pflanzen mehr Zucker produzieren, als sie verbrauchen, wandeln sie ihn in Stärke um, die sie speichern. Bäumen und anderen Pflanzen, die im Winter ihr Laub abwerfen, dient gespeicherte Nahrung als Energiequelle, bis im Frühjahr neue Blätter wachsen.

Die Illustration unten auf dieser Seite zeigt, wo verschiedene Pflanzentypen Nährstoffe speichern. Speicherorgane sind die Blätter des Kopfkohls, die Blüten des Blumenkohls, die Blattstiele des Bleichselleries. Veilchen speichern Nahrung in unterirdisch wachsenden Wurzelstöcken (Rhizomen). Manche Wurzelstöcke haben verdickte Endabschnitte oder Knollen. Kartoffeln sind stärkegefüllte Knollen. Die Zwiebeln, die wir essen, sind kurze, unterirdisch wachsende Stengel, umhüllt von fleischigen farblosen Blättern.

Auch Wurzeln können als Nahrungsspeicher dienen. Möhren, rote Rüben und Kohlrüben sind mit Nährstoffen gefüllte Pfahlwurzeln.

Viele Pflanzen vermehren sich durch Samen. In dem Samen sind Nährstoffe eingelagert, die der Ernährung des jungen Pflänzchens dienen, bis dessen Blätter sich entwickeln und es seine Nahrung selbst herstellen kann. Erbsen, Bohnen und die Körner bei Getreide wie Weizen, Gerste und Roggen sind Samen.

In der Regel ist der Samen in eine schützende Frucht eingeschlossen. Auberginen (Eierfrüchte), Kürbisse und Tomaten sowie Äpfel und Orangen sind Früchte, die die Samen im Inneren schützen.

Die farbigen Bereiche in der Abbildung zeigen, wo Pflanzen Nährstoffe speichern.

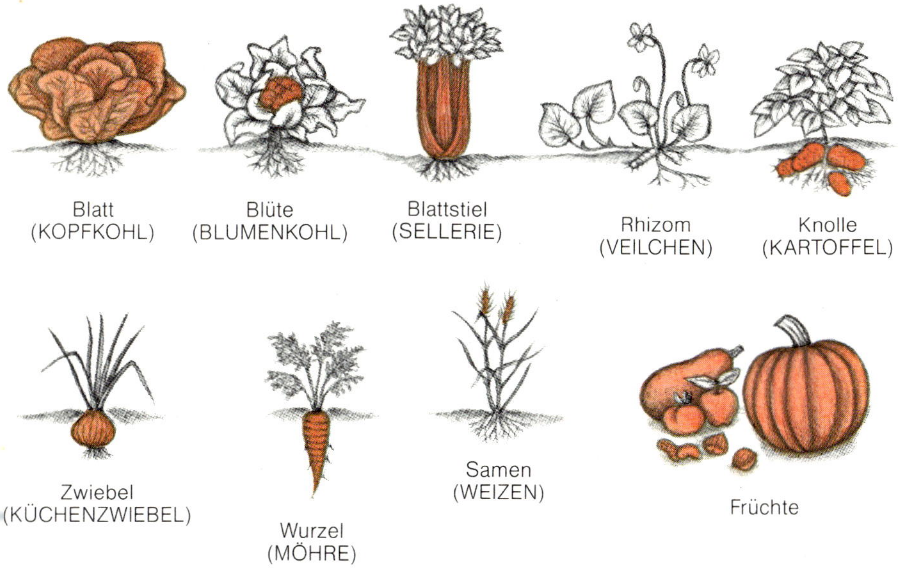

Manche Pflanzen, die in mineralarmem Boden wachsen, müssen sich aus anderen Quellen mit Nährstoffen versorgen. Die Venusfliegenfalle ist eine der wenigen fleischfressenden Pflanzen. Ihre Blätter locken Insekten an. Berührt das anfliegende Tier eine der Fühlborsten auf der Blattoberfläche, klappen die beiden Blatthälften zusammen. Das Tier sitzt in der Falle. Mit Hilfe chemischer Substanzen, die die Pflanze absondert, wird es verdaut. Die Pflanze nimmt aus dem Tier Mineral- und Nährstoffe auf.

VENUSFLIEGENFALLE

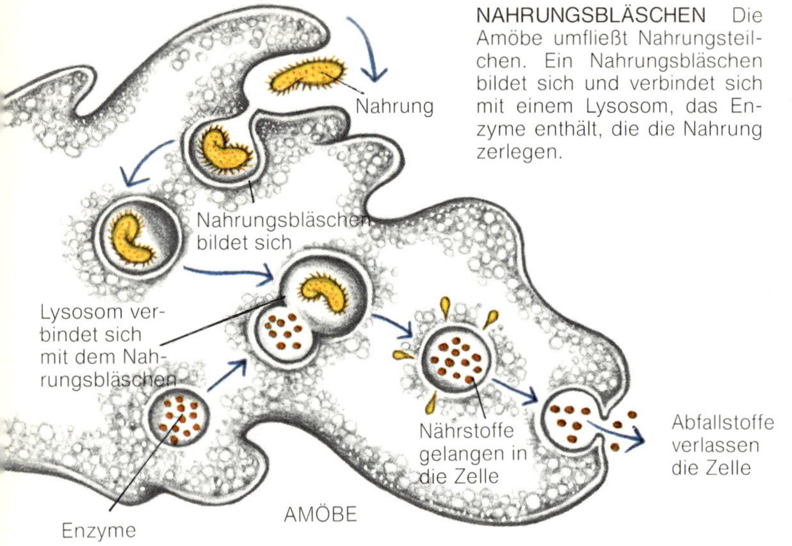

NAHRUNGSBLÄSCHEN Die Amöbe umfließt Nahrungsteilchen. Ein Nahrungsbläschen bildet sich und verbindet sich mit einem Lysosom, das Enzyme enthält, die die Nahrung zerlegen.

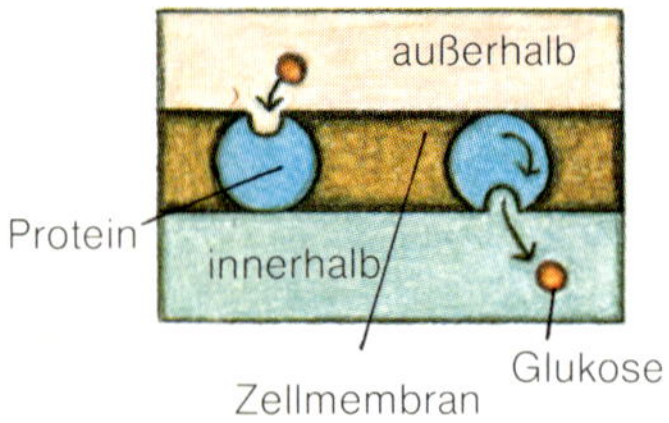

AKTIVER TRANSPORT Nach dem Zerlegen der Nahrung sind die Moleküle so klein, daß sie durch Zellmembranen hindurchtreten können. Membranproteine nehmen Nährstoffe außerhalb der Zellen auf und bringen sie in das Innere.

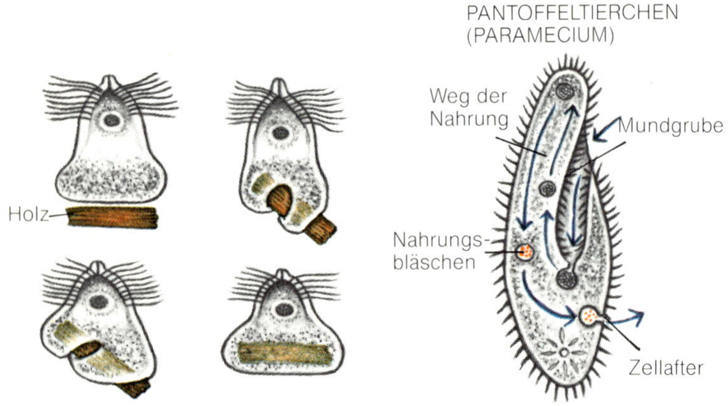

VERDAUUNG BEI EINZELLERN Einzellige Organismen (oben links) leben im Verdauungssystem einer Termite und helfen ihr, Pflanzenzellen in Holz zu verdauen. Ein Pantoffeltierchen (oben rechts) besitzt eine Mundgrube für die Nahrungsaufnahme und einen Zellafter für das Ausscheiden von Abfallstoffen.

EINFACHE VERDAUUNGSSYSTEME Tiere wie die Hydren haben Tentakel mit Nesselkapseln, die ihre kleinen Beutetiere lähmen. Die Tentakel befördern die Beute in die Mundöffnung des Tieres. In dem gallerterfüllten Hohlraum (Gastralraum) erfolgt die Vorverdauung durch Enzyme.

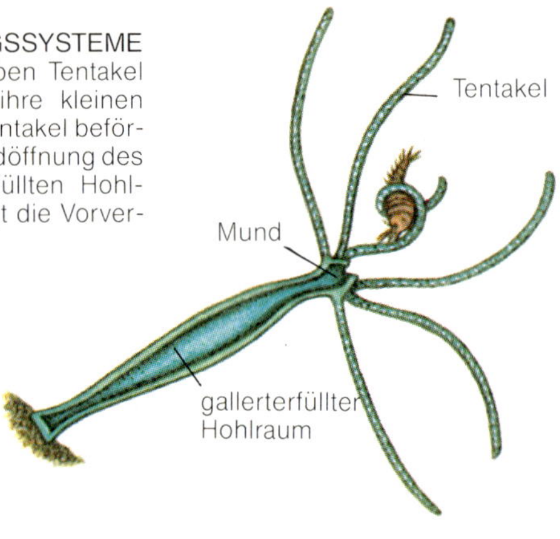

Verdauung

Im Gegensatz zu Pflanzen können Tiere ihre Nahrung nicht selbst erzeugen. Sie müssen sich Nahrung zuführen und mit ihr jede Zelle ihres Körpers versorgen. Meist sind die Kohlenhydrat-, Protein- und Fettmoleküle in der Nahrung so groß, daß sie durch die Hüllmembranen der tierischen Zellen nicht hindurchtreten können. Durch den Verdauungsprozeß werden sie in kleine Moleküle zerlegt, die dann die Zellmembranen passieren.

Nahrung wird mit Hilfe von Enzymen verdaut, das sind Proteine, die chemische Reaktionen beschleunigen. Verdauungsenzyme heften sich an Moleküle in der Nahrung an und spalten die Bindungen, die die Moleküle zusammenhalten. Wenn wir Kartoffeln essen, zerlegen Verdauungsenzyme Stärkemoleküle in Glukosemoleküle. Glukosemoleküle sind so klein, daß sie in unsere Zellen transportiert werden können. Die meisten Enzyme entfalten ihre Wirksamkeit nur, wenn in den Zellen Vitamine anwesend sind.

Aufsuchen der Nahrung

Jedes Tier verschafft sich seine Nahrung auf seine Art. Im Wasser lebende Amöben, einzellige Wurzelfüßer, bewegen sich kriechend-fließend fort, bis sie Nahrungspartikel finden. Während sie umherkriechen, verändern sie ihre Gestalt. Treffen sie auf Nahrung, so bildet ein Teil ihres Zelleibes ein Nahrungsbläschen (Nahrungsvakuole) um die Nahrung. Das Bläschen durchwandert die Amöbe, bis es sich mit einem Lysosom verbindet, einem Zellorganell, welches Verdauungsenzyme enthält. Diese Enzyme spalten die Nahrungsteilchen in kleine Moleküle, die die Amöbe verwerten kann. Unverdaute Bestandteile der Nahrung verbleiben in dem Bläschen. Wenn das Bläschen an eine Stelle gelangt, wo sich die Membran öffnet, werden die Restteile als Abfallstoff ausgeschieden.

Hydren sind einfache vielzellige Tiere, die im Süßwasser leben. Mit ihren Tentakeln kann die Hydra kleine Tiere wie z. B. Wasserflöhe fangen. Nesselkapseln an den Tentakeln lähmen die Beute und führen sie an den Mund der Hydra. Von dort gelangt die Beute in einen mit Gallert gefüllten Hohlraum, wo Verdauungsenzyme abgegeben werden und Zellen der Innenschicht die zerlegten Nahrungsmoleküle aufnehmen. Im Inneren dieser Zellen erfolgt die Verdauung. Unverdaute Teile werden durch die Mundöffnung ausgeschieden.

Bei den meisten Tieren geht die Verdauung in einem langen Rohr mit Öffnungen an beiden Enden vor sich. Dieses Rohr gliedert sich in Abschnitte oder Organe, die verschiedenartige Aufgaben erfüllen. Alle an der Verdauung beteiligten Organe zusammen bilden das Verdauungssystem. Wie

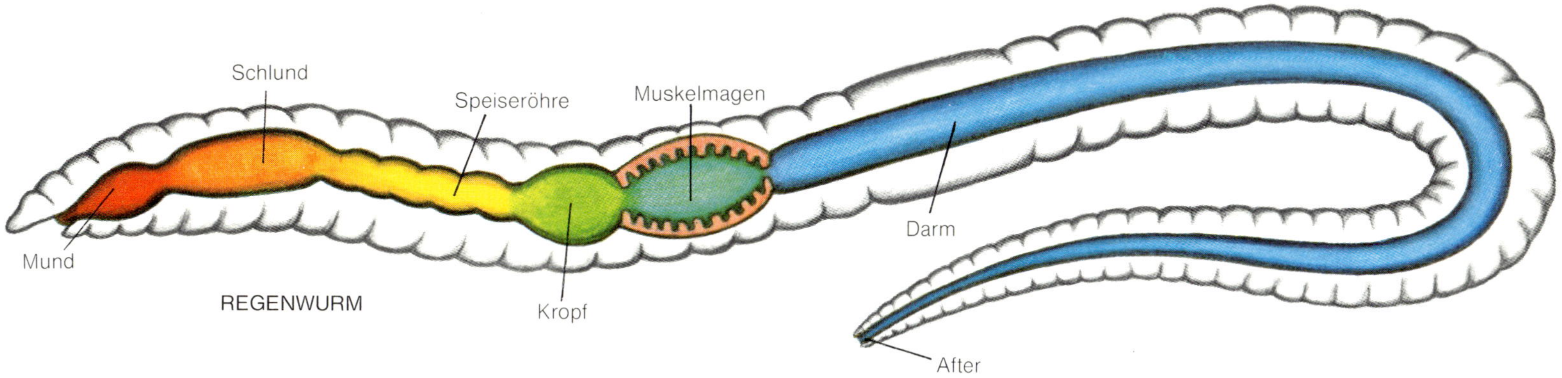

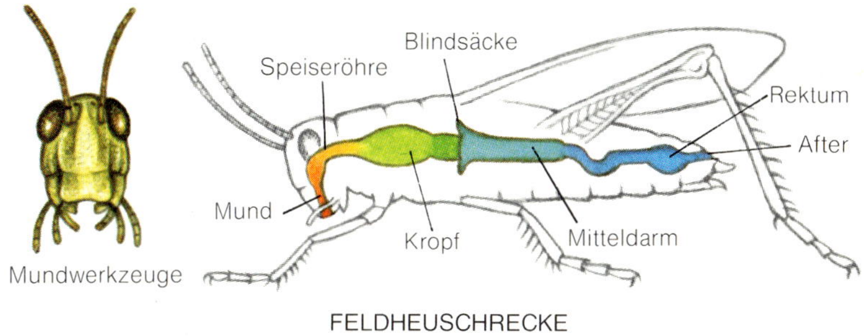

in einer Einbahnstraße wird die Nahrung nur in einer Richtung durch das Rohr bewegt.

Regenwürmer sind ein gutes Beispiel für dieses rohrartige Verdauungssystem. Der im Boden wühlende Regenwurm nimmt mit dem Mund Erde auf, die Nahrungsstoffe enthält. Vom Mund gleitet das befeuchtete Gemisch durch den Schlund in den Kropf, verbleibt dort vorübergehend und gelangt dann in den Muskelmagen, wo Sandpartikel es zerreiben helfen. Die nun vorverdaute Nahrung wird in dem langen Darm, der nächsten Station, mit Hilfe von Enzymen zu Ende verdaut. Der Körper des Regenwurms absorbiert die Nährstoffe; unverdaute Abfallstoffe und Erdpartikel scheidet er durch den After ins Erdreich aus. Regenwürmer sind wichtig für den Boden, weil sie ihn durchmischen und lockern und dadurch Hohlräume für Luft und Wasser schaffen.

Die Verdauungssysteme der auf dieser Seite abgebildeten Tiere gleichen sich im wesentlichen. Aber Insekten wie zum Beispiel Feldheuschrecken besitzen bestimmte Mundwerkzeuge für das Begutachten der Nahrung und das Beißen und Kauen. In der Vogelwelt finden sich viele Arten von kräftigen, harten Schnäbeln für verschiedene Nahrungssorten, von Samenkörnern bis zu Fischen. Körnerfressende Vögel benutzen ihre Schnäbel zum Aufbeißen der Körner, die dann zunächst im Kropf aufbewahrt werden. Im Vormagen folgt die Durchmischung mit Verdauungssäften. Der kräftige Muskelmagen zerdrückt und zerreibt die Körner. Manche Vögel, z. B. Finken, nehmen Magensteinchen auf, die dieses Zerkleinern fördern. Zu Ende verdaut wird die Nahrung im Dünndarm mit Hilfe von Flüssigkeiten aus Leber und Bauchspeicheldrüse.

Viele Fische filtern mit den Kiemenreusen Nahrungspartikel aus dem Wasser heraus. Andere Fische wie zum Beispiel Haie besitzen Zahnreihen, mit denen sie Fleischstücke aus Beutetieren herausreißen.

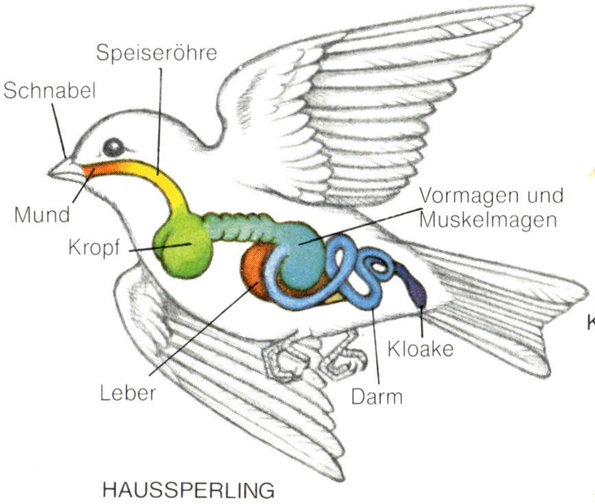

LÖFFELENTE

KREUZSCHNABEL

ROTSCHWANZ-
BUSSARD

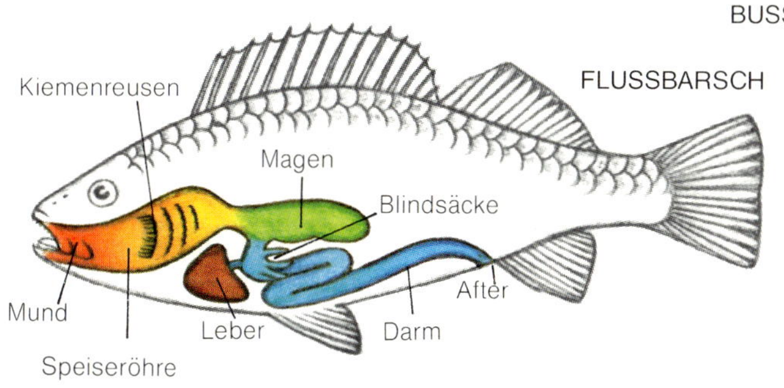

VERDAUUNG BEI TIEREN Bei den meisten Tieren geht die Verdauung in einem langen Rohr vor sich. Regenwürmer nehmen die Nahrung mit dem Mund auf und speichern sie im Kropf; sie wird im Muskelmagen zerrieben und im Darm chemisch zerlegt. Abfallstoffe scheidet das Tier durch den After aus. Feldheuschrecken besitzen besondere Mundwerkzeuge für das Zerbeißen und Begutachten der Nahrung. Ihr Mitteldarm weist kleine Anhänge auf, die Blindsäcke, die Verdauungsenzyme abgeben. Vögel benutzen ihre Schnäbel, um z. B. Fische zu fangen oder Samenkörner zu öffnen. Viele Fische filtern mittels Kiemenreusen Nahrung aus dem Wasser, das über die Kiemen streicht.

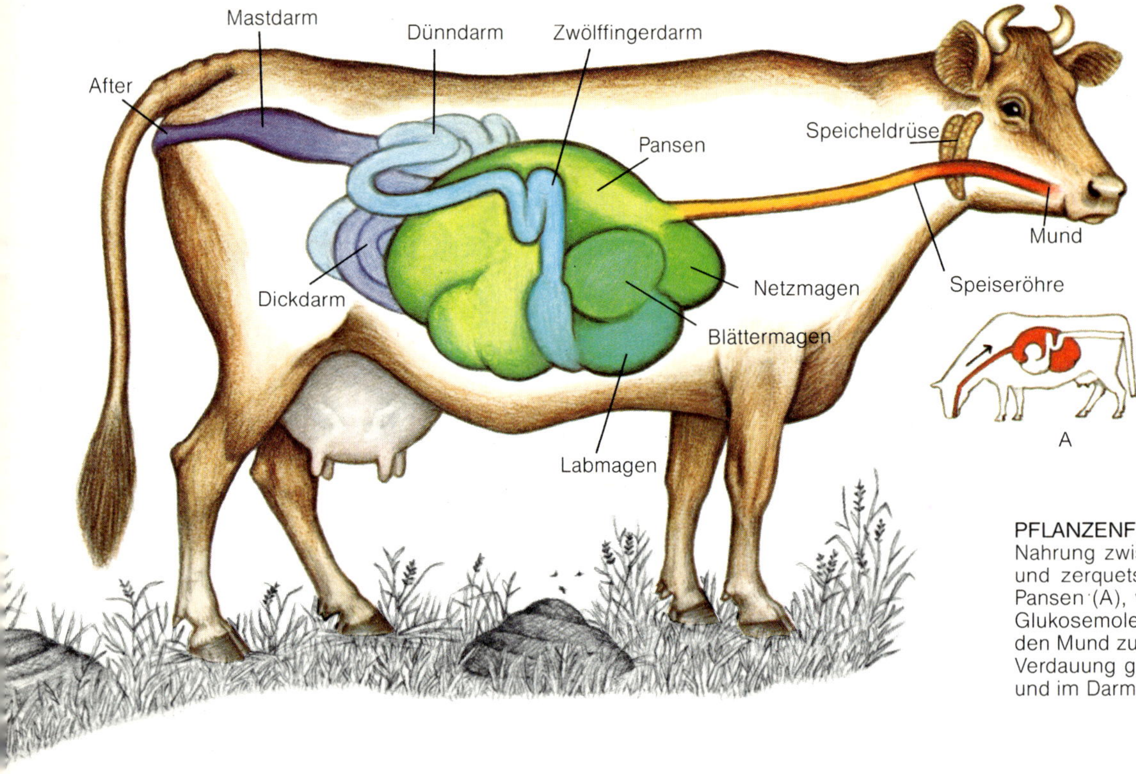

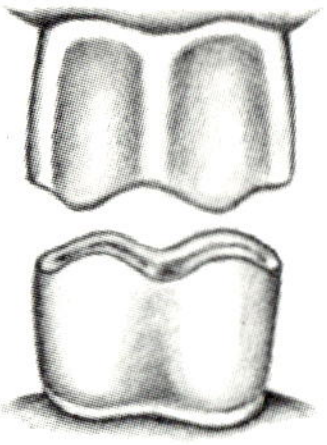

PFLANZENFRESSER Im Mund der Kuh wird die fasrige Nahrung zwischen 12 breiten flachen Zähnen zerrieben und zerquetscht. Die gekaute Nahrung gelangt in den Pansen (A), wo Bakterien Zellulosemoleküle in einfache Glukosemoleküle zerlegen. Ein Teil der Nahrung wird in den Mund zurückbefördert und nochmals gekaut (B). Die Verdauung geht dann in den übrigen Magenabschnitten und im Darm weiter (C).

Pflanzenfresser und Fleischfresser

Tiere fressen Pflanzen und Tiere. Manche Tiere, zum Beispiel Kühe, Pferde und Kaninchen, bezeichnet man als Herbivore, weil sie sich hauptsächlich von Pflanzen ernähren. Löwen, Hunde und Bären sind Fleischfresser, Karnivore. Wir Menschen essen sowohl Pflanzen als auch Fleisch, aber unser Verdauungssystem ist mehr wie das eines Löwen als das einer Kuh eingerichtet.

Bei Pflanzen- wie bei Fleischfressern beginnt die Verdauung im Mund. Kühe haben breite, flache Zähne zum Zerreiben ihrer Graskost. Löwen besitzen scharfe, spitze Zähne, mit denen sie das Fleisch zerkleinern. Speicheldrüsen im Mund scheiden Speichel ab, einen Verdauungssaft, der die Nahrung durchfeuchtet und breiförmig macht. Zudem enthält der Speichel ein Enzym, das einen Teil der Stärke in Zucker umwandelt. Oft bewirkt schon der Anblick oder der Geruch von Nahrung einen reichlichen Speichelfluß.

Im Mund wird die Nahrung zu Brocken zerkleinert, mit Speichel durchmischt und nochmals gekaut. Dann drückt die Zunge den Bissen zum Schlucken nach hinten. Der Bissen gelangt in die Speiseröhre, einen Muskelschlauch, in dem er durch wellenartig verlaufende Muskelkontraktionen (Peristaltik) weiterbefördert wird.

Verdauung im Magen

Der Kuhmagen besteht aus vier Abschnitten. Die geschluckte Nahrung wandert in den Pansen, der 95 bis 230 Liter Nahrung faßt. Im Pansen leben viele Bakterien und andere Mikroorganismen. Sie produzieren Enzyme, die Zellulosemoleküle in einfache Glukosemoleküle spalten (S. 8). Ohne diese Organismen könnten Kühe die zähe, faserige Zellulose der Pflanzenwände nicht zerlegen.

Pflanzenzellen sind so schwer zu verdauen, daß von Zeit zu Zeit ein Teil der Nahrung aus dem Pansen in den Mund der Kuh zurückbefördert und dort weiter gekaut werden muß. Diese wiedergekäute Nahrung wird erneut geschluckt, gelangt aber diesmal in den zweiten und dritten Magenabschnitt, den Netz- und den Blättermagen, wo ihr Wasser entzogen wird. Danach kann sie im vierten Abschnitt, dem Labmagen, verdaut werden. Der Labmagen entspricht dem Magen eines Löwen, also eines Fleischfressers.

Im Magen des Löwen ergießen sich Salzsäure und Enzyme auf die Nahrung. Salzsäure zerstört Bakterien und fördert die Wirksamkeit der Enzyme. Mit einem dieser Enzyme, dem Pepsin, beginnt die Zerlegung der Eiweiße. Der

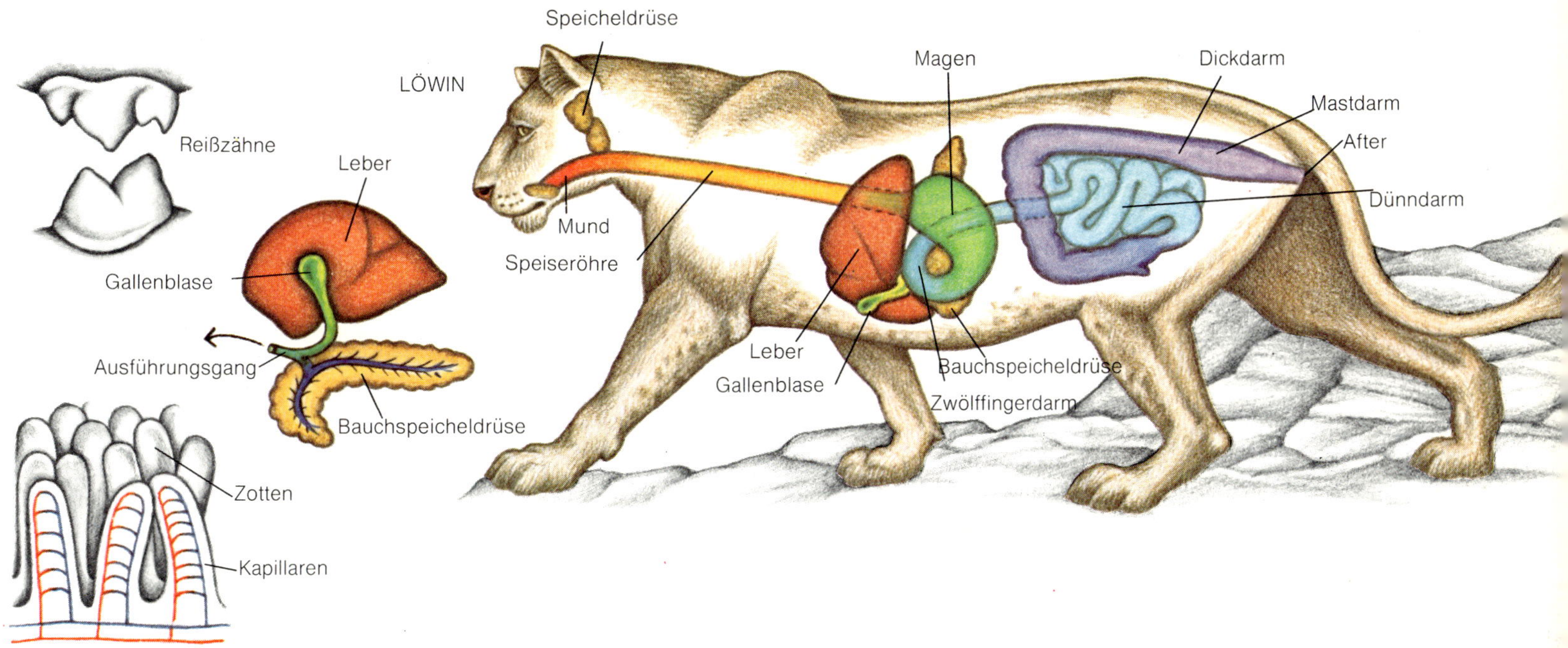

FLEISCHFRESSER Die scharfen, spitzen Zähne des Löwen ziehen und reißen an der Nahrung. Die Verdauung findet größtenteils im Dünndarm statt, wo Enzyme den in Mund und Magen begonnenen Prozeß zum Abschluß bringen. Enzyme der Bauchspeicheldrüse und Galle von der Leber treten in den ersten Abschnitt des Dünndarms ein. Nach Beendigung der Verdauung nehmen die fingerförmigen Zotten an der Innenseite des Dünndarms Nährstoffe auf, die durch die dünnen Zottenwände hindurchtreten. Jede Zotte besteht aus einem Netz von Kapillaren und einem Lymphgefäß.

Magen dehnt sich aus und zieht sich zusammen; dadurch durchmischt er die Nahrung mit Verdauungssäften und zerdrückt noch verbliebene Brocken.

Die Endverdauung

Bei Fleisch- wie bei Pflanzenfressern übernimmt der Dünndarm den größten Teil der Verdauung. Aus dem Magen wandert die teilweise verdaute Nahrung langsam in den ersten Dünndarmabschnitt, den Zwölffingerdarm. Dort mischen sich viele verschiedene Enzyme mit dem Speisebrei. Manche dieser Enzyme kommen aus einer großen Drüse, der Bauchspeicheldrüse. Die übrigen Enzyme werden von Millionen Zellen in der Darmwand abgegeben. Die Leber liefert Galle, eine Flüssigkeit, die die Lösung von Fetten in Wasser bewirkt und dadurch die Verdauung fördert. Die in der Leber gebildete Galle wird in der Gallenblase gespeichert, bis sie gebraucht wird.

Im restlichen Dünndarm geht die Verdauung weiter. Kohlenhydrate, Proteine und Fette werden in Moleküle gespalten, die so klein sind, daß sie durch die Darmwand hindurch in den Körper übertreten können. Dieses Aufsaugen erfolgt in kleinen fingerartigen Ausstülpungen der Schleimhaut der Darmwand, den Zotten. Jede Zotte hat ein Netz von Kapillaren, das sind feinste Blutgefäße, die die verdauten Zucker und Proteine aufnehmen. Verdaute Fette gelangen in Lymphgefäße (S. 35). Wasser, Vitamine und Mineralstoffe gelangen ebenfalls in den Blutkreislauf. Das Blut transportiert absorbierte Nährstoffe zur Leber, die sie zum Teil verarbeitet, zum Teil speichert.

Unverdaute Teile der Nahrung werden durch Muskelkontraktionen in den Dickdarm befördert. Dort werden der breiigen Flüssigkeit noch Chemikalien und Wasser entzogen. Sie wird nach und nach fester und gelangt als Kot in den Mastdarm, den Endabschnitt des Dickdarms, wo sie bis zur Ausscheidung durch den After verbleibt.

In manchen Pflanzenfressern, z. B. Pferden und Kaninchen, leben die Organismen, die bei der Zelluloseverdauung mitwirken, nicht im Magen, sondern in einem Sack am Beginn des Dickdarms.

Im Gegensatz zu Pflanzenfressern können wir Menschen die Zellulose in pflanzlicher Nahrung nicht verdauen. Trotzdem ist die Faser ein wichtiger Teil unserer Kost, denn bevor sie ausgeschieden wird, dient sie als Ballaststoff, der die Darmbewegung anregt.

Wie Proteine entstehen

Proteine sind ein wichtiger Bestandteil jeder Zelle in unserem Körper. Sie finden sich im Zellkern, im Zytoplasma und in der Zellmembran. Enzyme sind Proteine. Auch einige Hormone (S. 48) sind Proteine, ebenso die Antikörper (S. 35), mit denen sich unser Körper gegen schädliche Bakterien und Viren wehrt. Unsere Muskeln, Haare, unsere Haut und unser Blut enthalten Proteine.

Unser Körper kann Tausende verschiedener Proteine bilden (synthetisieren). Jedes Protein besteht aus zu einer Kette verknüpften Aminosäuren. Manche Proteine bauen sich aus nur ein paar Aminosäuren auf, andere indessen aus mehreren hundert Aminosäuren.

Jede Aminosäure hat Kohlenstoff-, Wasserstoff-, Sauerstoff- und Stickstoffatome. Manche haben auch Schwefelatome. Es gibt 20 verschiedene Aminosäuren. So ähnlich, wie wir die 26 Buchstaben unseres Alphabets zu kurzen und langen Wörtern kombinieren, bauen unsere Zellen aus Kombinationen dieser 20 Aminosäuren verschiedene, kleine und große Proteine auf.

Wenn wir Eier, Fisch und Fleisch essen, nehmen wir tierisches Eiweiß zu uns. Diese Proteine kann unser Körper so, wie sie sind, nicht verwerten, aber er kann mit den Aminosäuren in der Nahrung selber Proteine bilden.

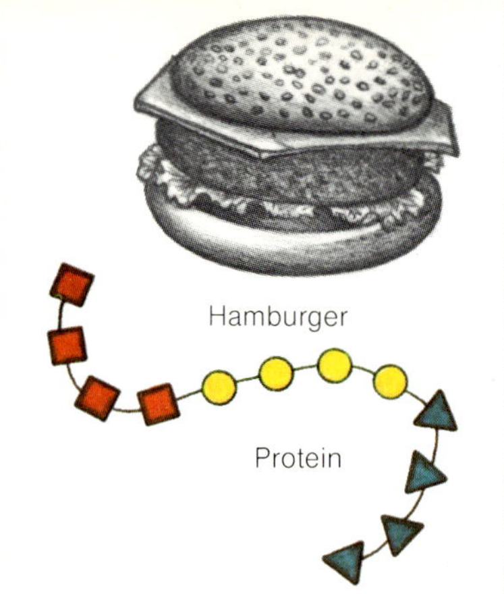

1. Wenn wir einen Hamburger essen, nehmen wir Proteine zu uns. Das hier gezeigte Protein besteht aus 12 miteinander verknüpften Aminosäuren. Jedes graphische Symbol (Quadrat, Kreis, Dreieck) stellt eine andere Aminosäureart dar. In diesem Protein gibt es nur drei Aminosäuren.

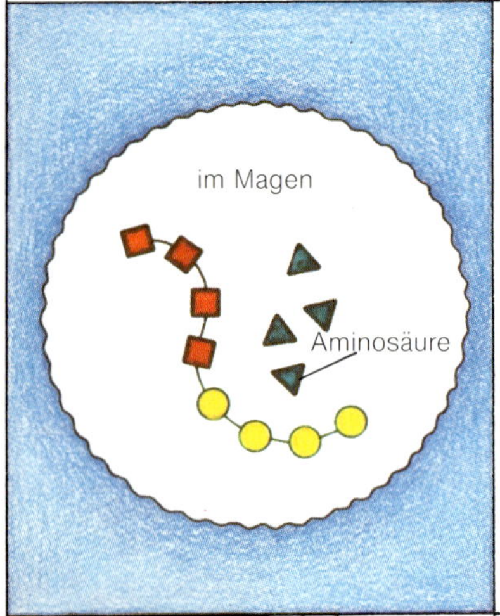

2. Nachdem wir unseren Hamburger gekaut und geschluckt haben, gelangt er in unseren Magen. Pepsin, ein Enzym, beginnt mit der Zerlegung des Proteins. Das übrige Protein wird in unserem Dünndarm in Aminosäuren gespalten.

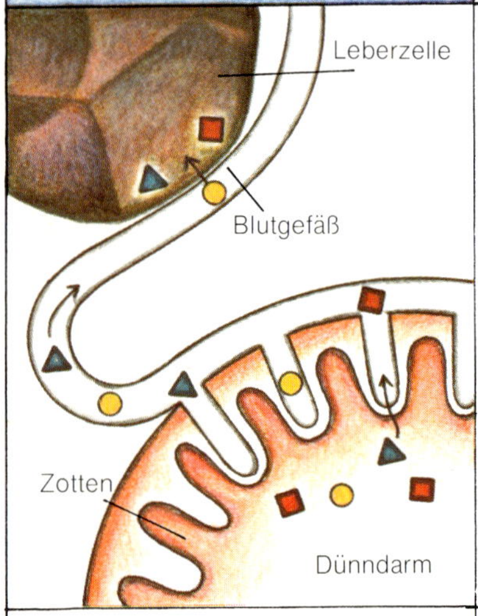

3. Die 12 Aminosäuren treten durch die Wand unseres Dünndarms hindurch in den Blutstrom über. Das Blut transportiert Aminosäuren zunächst zur Leber und dann zu allen Zellen unseres Körpers. Unsere Leberzellen nehmen an Aminosäuren auf, was sie benötigen.

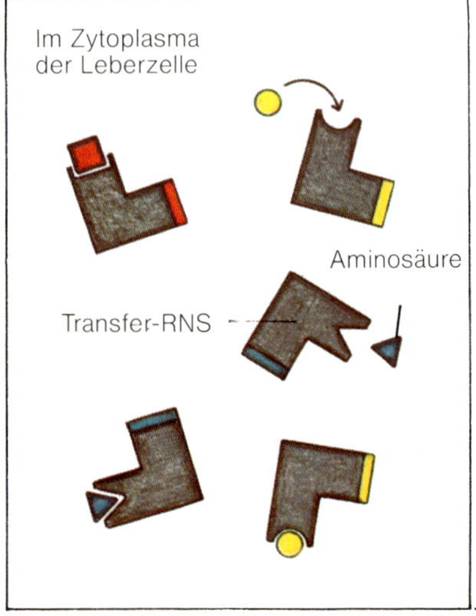

4. In jeder Zelle liegen Moleküle der Transfer-RNS (Ribonukleinsäure) vor, die sich mit Aminosäuren beladen. Für jeden Aminosäuretyp gibt es einen spezifischen Typ von RNS-Molekülen als Aminosäureträger. (Dies zeigen die farblichen Entsprechungen in der Abb.) Sobald die Aminosäuren an ihre RNS-Moleküle gebunden sind, wandern sie zu den Ribosomen. Proteine werden an Ribosomen zusammengefügt. Ribosomen sind rundliche Partikel, die aus zwei Untereinheiten (einer großen und einer kleinen Kugel) bestehen. Bauteile für Ribosomen werden im Nukleolus gebildet. Ribosomen bilden Proteine mit Hilfe von Bauplänen, die vom Zellkern kommen. Mit Schritt 5 gelangen wir in den Zellkern.

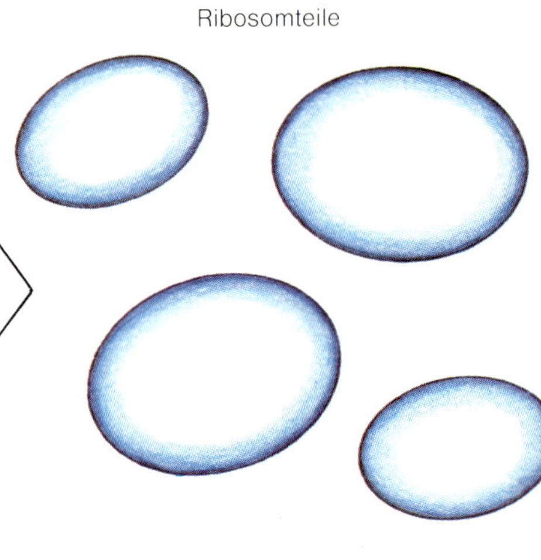

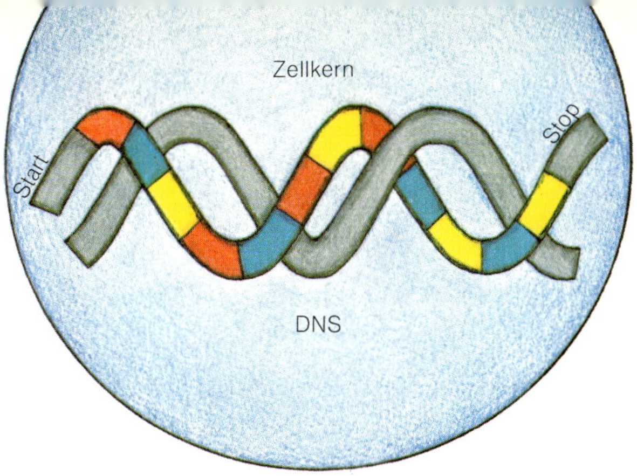

5. Im Kern jeder Zelle unseres Körpers sind DNS-Moleküle (DNS = Desoxyribonukleinsäure; S. 66) vorhanden, die die Baupläne für die Bildung aller Proteine enthalten, die wir benötigen. Diese Information ist ein chemischer Code. Hier veranschaulichen wir den Code durch Farben. Jede Farbe stellt den Code für einen bestimmten Aminosäuretyp dar.

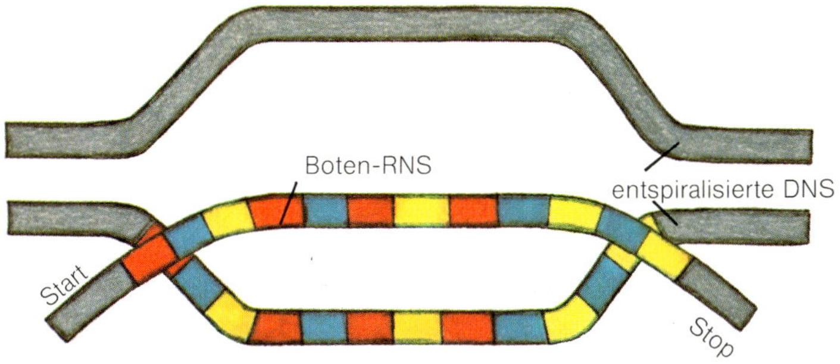

6. Ein Teil der DNS entspiralisiert sich. Der codierte Bauplan wird auf einen anderen RNS-Molekül-Typ aufkopiert. Diese RNS dient als Bote, der die Information aus dem Zellkern zu den Ribosomen im Zytoplasma trägt. Daher die Bezeichnung Boten-RNS.

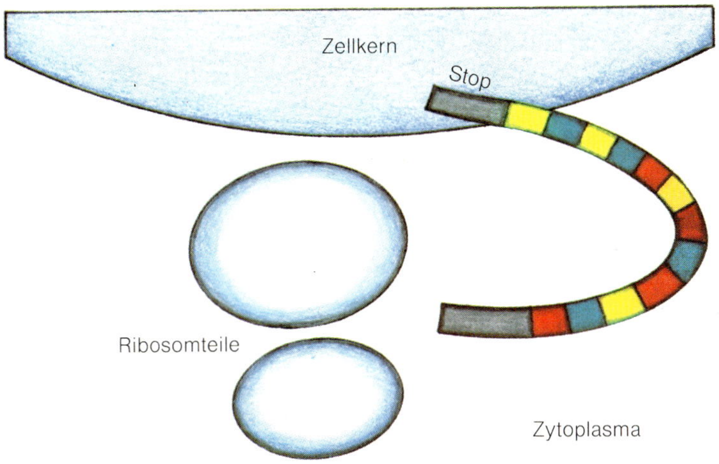

7. In der Boten-RNS ist ein „Start"-Signal codiert, das angibt, wo die Proteinbildung beginnen soll. Bei „Start" lagert sich zuerst die kleinere Ribosomen-Kugel an die Boten-RNS an und dann die größere Ribosomen-Kugel.

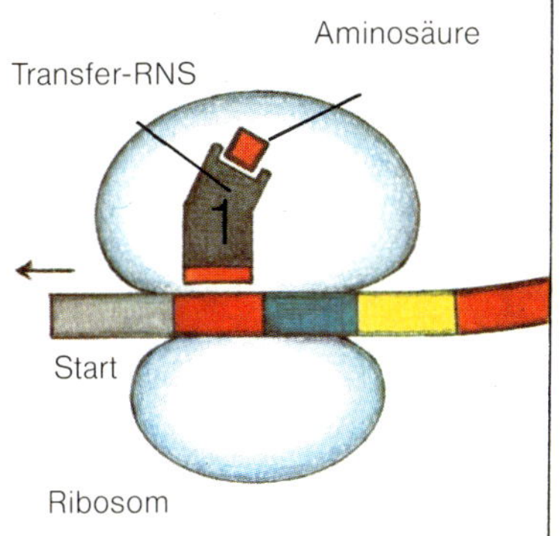

8. Das Ribosom bewegt sich in Richtung der Boten-RNS, bis der Code für die erste Aminosäure in dem neuen Protein an die richtige Stelle gelangt. Dort lagert sich die zu diesem Code passende Transfer-RNS an. Sie bringt Aminosäure 1 mit.

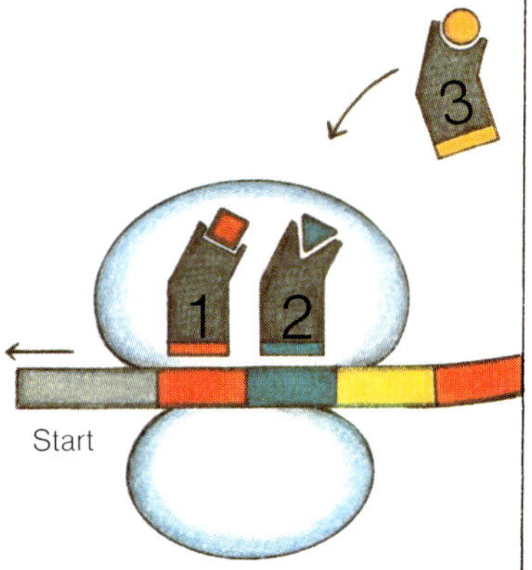

9. Das Ribosom bewegt sich weiter, bis der Code für die zweite Aminosäure an der richtigen Stelle ist. Die zweite Transfer-RNS lagert sich an. Sie bringt Aminosäure 2 für das neue Protein mit.

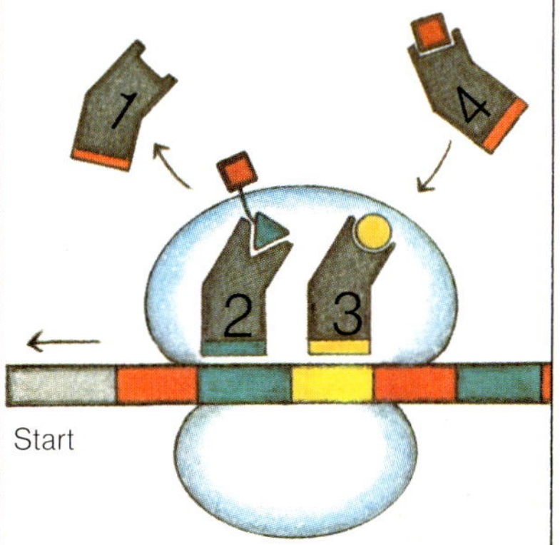

10. Besondere Enzyme verbinden die Aminosäuren 1 und 2 miteinander. Beide Aminosäuren sind nun an der zweiten Transfer-RNS angelagert. Das Ribosom bewegt sich erneut weiter. Dabei verläßt die erste Transfer-RNS das Ribosom, und die dritte lagert sich an. Dann werden Aminosäure 1 und 2 mit Aminosäure 3 verknüpft.

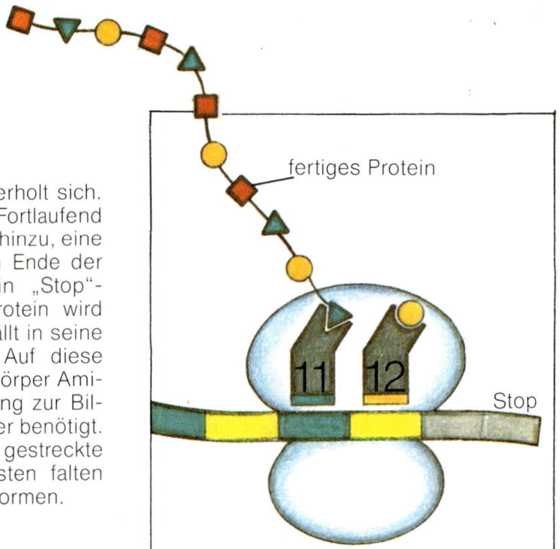

11. Der Prozeß wiederholt sich. Die Kette wächst: Fortlaufend kommen Aminosäuren hinzu, eine nach der anderen. Am Ende der Boten-RNS kommt ein „Stop"-Signal. Das fertige Protein wird frei, das Ribosom zerfällt in seine beiden Einzelkugeln. Auf diese Weise verwendet der Körper Aminosäuren in der Nahrung zur Bildung der Proteine, die er benötigt. Einige Proteine bleiben gestreckte Ketten, aber die meisten falten sich zu komplizierten Formen.

Lebensspender Sauerstoff

Tiere verzehren Nahrung, um ihrem Körper Nährstoffe und Energie zuzuführen. Sie verdauen Nahrung zu Glukose, Aminosäuren und einfachen Fetten, alles Substanzen, bei denen Energie in den chemischen Bindungen gespeichert ist, die sie zusammenhalten. Alle Zellen benötigen für ihre chemischen Aktivitäten ständig Energie. Die einfachste Art der Energieversorgung besteht für die Zellen darin, daß sie beim Atmungsvorgang aus Glukose Energie gewinnen.

Die Atmung ist eine Folge von chemischen Reaktionen, die in pflanzlichen und tierischen Zellen stattfinden. Während der Atmung wird Energie freigesetzt, wenn Glukose in Kohlendioxid und Wasser zerlegt wird. Diese Energie wird in ATP-Molekülen gespeichert; der Organismus kann sie dann verwenden, wann und wo er sie braucht.

Die chemischen Reaktionen bei der Atmung können nur dann vollständig ablaufen, wenn in den Zellen Sauerstoff vorhanden ist. Nur wenige Einzeller kommen ohne Sauerstoff aus. Sie leben an Orten, wo andere Organismen nicht existieren können. Für alle übrigen Lebewesen auf der Erde ist der Sauerstoff unentbehrlich.

Sauerstoff, ein Gas, kommt in der Luft und im Wasser vor. Die Atemluft der Tiere setzt sich aus 21 Prozent Sauerstoff, 78 Prozent Stickstoff, 0,03 Prozent Kohlendioxid und Spuren von anderen Gasen zusammen. Wasser ist keine so gute Sauerstoffquelle wie die Luft, weil es nur ein Dreißigstel der Sauerstoffmenge enthält, die sich in der Luft findet. Während der Photosynthese der Pflanzen gelangt ständig wieder Sauerstoff in die Luft und in das Wasser.

Da pflanzliche und tierische Zellen Sauerstoff nicht speichern können, müssen sie ständig mit ihm versorgt werden.

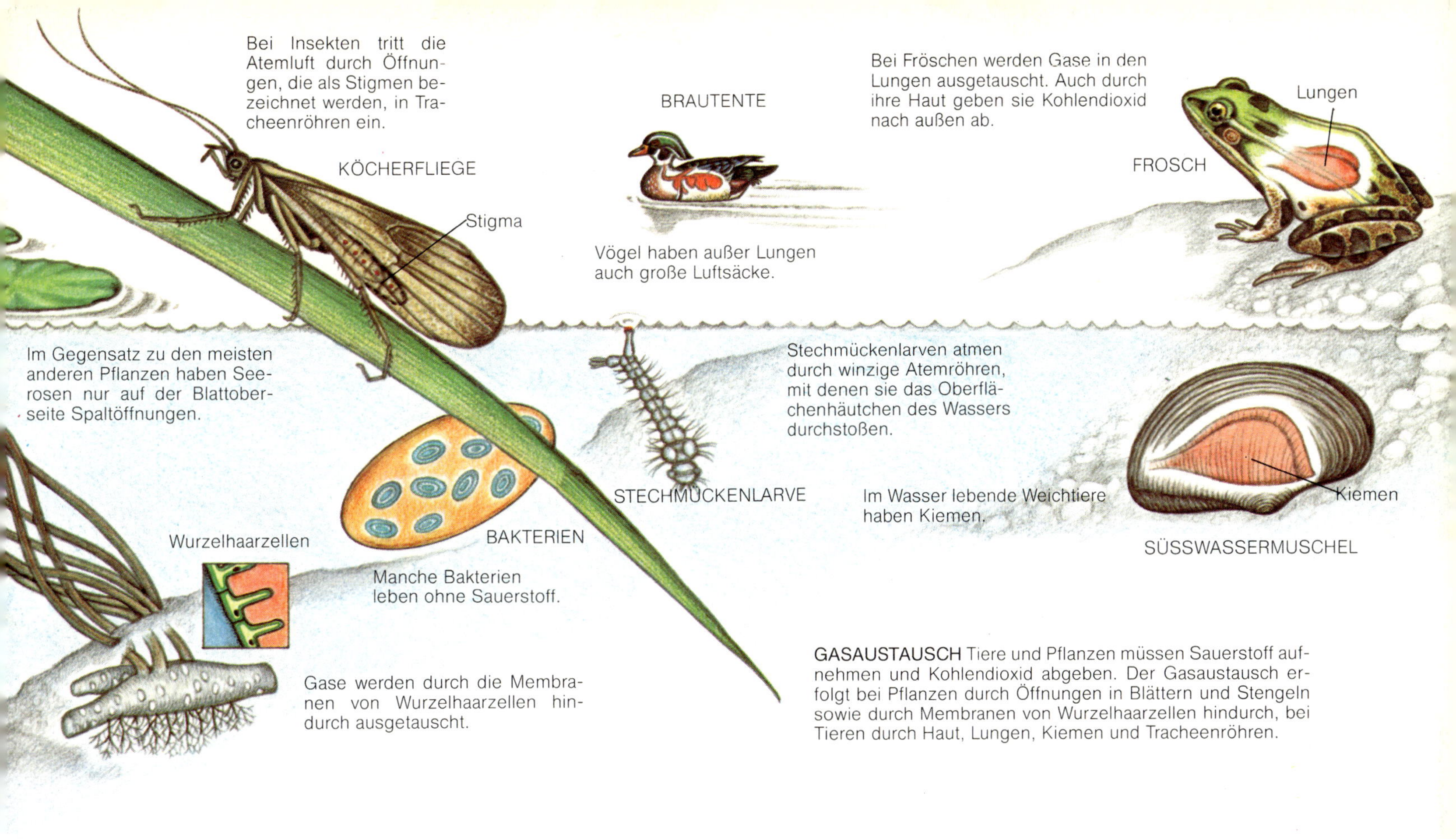

GASAUSTAUSCH Tiere und Pflanzen müssen Sauerstoff aufnehmen und Kohlendioxid abgeben. Der Gasaustausch erfolgt bei Pflanzen durch Öffnungen in Blättern und Stengeln sowie durch Membranen von Wurzelhaarzellen hindurch, bei Tieren durch Haut, Lungen, Kiemen und Tracheenröhren.

Zellen müssen zudem das Kohlendioxid loswerden, das während der Atmung entsteht. Dieses Kohlendioxid kehrt im Kohlenstoffkreislauf in die Luft und ins Wasser zurück.

Gasaustausch

Einzeller und einige niedere Tiere wie z. B. Hydren entnehmen den Sauerstoff direkt der Flüssigkeit, in der sie leben. Der Sauerstoff gelangt durch ihre Zellmembranen hindurch ins Innere, während Kohlendioxid die Zellen verläßt und ausgeschieden wird.

Kompliziertere Pflanzen und Tiere besitzen besondere Organe für die Aufnahme von Sauerstoff und die Abgabe von Kohlendioxid. Solche Organe sind Blätter, Haut, Kiemen, Lungen und Tracheenröhren. Tiere wie zum Beispiel die Regenwürmer nehmen Sauerstoff durch ihre feuchte Haut auf; bei den meisten anderen Tieren verhindern äußere Hüllen den Durchtritt von Gasen nach innen.

In den meisten Tieren muß der Sauerstoff von dort, wo er aufgenommen wird, zu allen anderen Zellen im Körper befördert werden. Zudem muß Kohlendioxid aus jeder einzelnen Zelle hinaus- und dorthingelangen, wo er abgegeben werden kann.

Der Sauerstoffbedarf

Viele Tiere können regulieren, wieviel Sauerstoff sie aufnehmen. Der Sauerstoffbedarf von Tieren ist unterschiedlich. Vögel brauchen sehr viel Sauerstoff, wenn sie fliegen. In großen Höhen steht weniger Sauerstoff zur Verfügung als nahe der Erdoberfläche. Manche Zugvögel legen in drei Tagen ohne Aufenthalt bis zu 3200 Kilometer zurück. Wegen ihres hohen Energieverbrauchs benötigen sie Sauerstoff in großen Mengen. Wenn Tiere aktiv sind, haben sie einen größeren Sauerstoffverbrauch als in Ruheperioden. In der Nacht produzieren Pflanzen keinen Sauerstoff, sie müssen daher welchen für ihre Atmung aufnehmen. Für das Wachstum der Wurzeln ist Sauerstoff im Boden unentbehrlich.

Unter Wasser gestaltet sich die Sauerstoffgewinnung für Lebewesen schwieriger. Zum einen finden Pflanzen und Tiere dort sowieso weniger Sauerstoff vor als in der Luft, zum anderen bewegen sich Sauerstoffmoleküle im Wasser langsamer als in der Luft. Fische verbrauchen u. U. 25 bis 50 Prozent ihrer gesamten Energie dafür, sich Sauerstoff zuzuführen.

Die Versorgung mit Sauerstoff muß den Sauerstoffbedarf der Zellen decken. Wenn die Sauerstoffzufuhr ein kritisches Niveau unterschreitet, nehmen die Zellen Schaden und sterben ab.

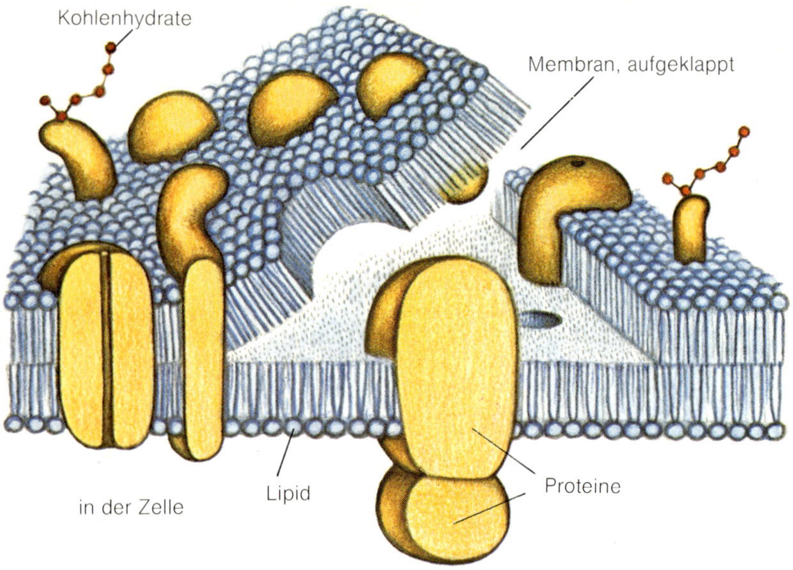

ZELLMEMBRANEN Membranen bestehen aus Proteinen und Fettstoffen, die man als Lipide bezeichnet. Manche Proteine reichen sowohl in das Innere der Zelle als auch in den Raum außerhalb der Zelle hinein. Andere sind entweder dem Inneren oder der Außenseite der Zelle locker angelagert. Bestimmte Proteine können sich innerhalb der Membran bewegen.

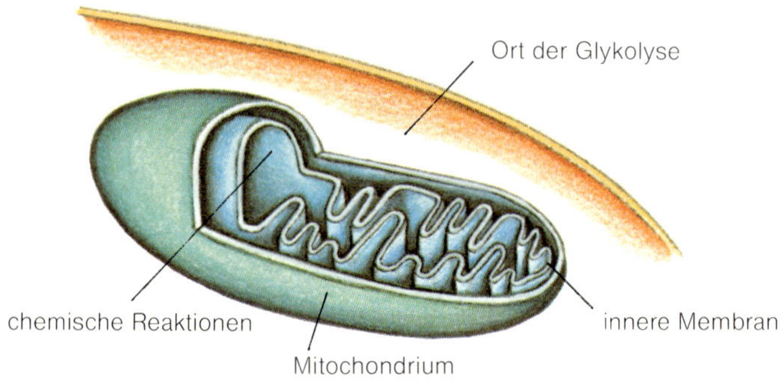

WO DIE ATMUNG VOR SICH GEHT Der erste Teil der Atmung, die Glykolyse, findet im Zytoplasma der Zelle statt, der übrige Prozeß in den Mitochondrien. Jedes Mitochondrium besitzt eine äußere Membran und eine gefaltete innere Membran.

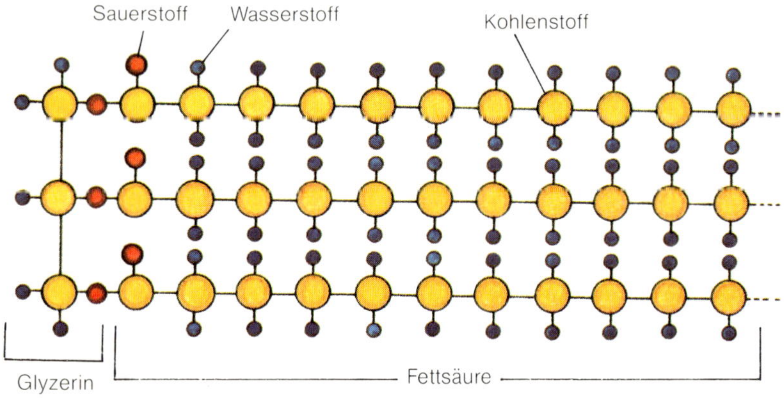

FETTE Fette bestehen aus Glyzerin und Fettsäuren. Fettmoleküle können groß oder klein sein, je nach der Länge der Fettsäureketten. Energie ist in den Bindungen gespeichert, die Fettmoleküle zusammenhalten.

Membranen

Der Gasaustausch vollzieht sich durch Zellmembranen hindurch, denn sie sind so dünn, daß Sauerstoff und Kohlendioxid leicht passieren können. Da Gase in Flüssigkeit gelöst sein müssen, wenn sie in Zellen hineingelangen sollen, müssen Membranen immer feucht sein. Außerdem müssen Membranen gegen Austrocknung und Beschädigung geschützt sein.

In Gasen wie Kohlendioxid und Sauerstoff bewegen sich die Moleküle ständig. Die Bewegung von Molekülen von einer Stelle zur anderen nennt man Diffusion. Gasmoleküle diffundieren in alle Richtungen, bis sie sich gleichmäßig verteilt haben.

Atmung

Die Atmung ist eine Folge von chemischen Reaktionen, die in allen Zellen stattfinden. Bei der Atmung werden die Bindungen, die Glukosemoleküle zusammenhalten, gelöst. Auf S. 27 sind die Schritte der Atmung dargestellt. Der erste Teil des Vorgangs findet im Zytoplasma der Zelle statt und erfordert keinen Sauerstoff. Der weitere Prozeß läuft in den Mitochondrien ab, und dort muß Sauerstoff anwesend sein.

Am Ende des Atmungsprozesses ist jedes Molekül Glukose in Kohlendioxid und Wasser gespalten worden. Ein Teil der in einem Glukosemolekül enthaltenen Energie dient zur Bildung von 36 ATP-Molekülen. Aber ungefähr die Hälfte der Energie wird als Wärme frei. Diese Wärme hilft vielen Tieren, ihre Körpertemperatur aufrechtzuerhalten (S. 41).

Glukose ist nicht der einzige Nährstoff, aus dem Zellen Energie gewinnen. Wenn die Glukosevorräte erschöpft sind, zerlegen die Zellen Stärke und Glykogen (S. 47) in Glukose. Benötigen die Zellen noch mehr Energie, so spalten sie Fette.

Fette bestehen aus Kohlenstoff-, Wasserstoff- und Sauerstoffatomen. In den Bindungen dieser Atome ist eine Menge Energie gespeichert. Die meisten Fette haben lange Ketten von Kohlenstoffatomen, an die Wasserstoffatome angehängt sind. Fette enthalten nur sehr wenig Sauerstoff. Fette sind Bestandteil der Zellmembranen. Sie dienen Zellen auch als Isolierungs- und Schutzsubstanz. Zellen speichern Fette und verwerten sie, wenn sie Energie benötigen.

Wenn Tiere Hunger leiden, wird das Protein in ihren Zellen zwecks Energiegewinnung zerlegt. Aber dabei werden Gewebe zerstört.

Wie die Atmung vor sich geht

Die Atmung ist eine Folge von chemischen Reaktionen. Während der Atmung wird ein Teil der in Glukosemolekülen gespeicherten Energie zum Aufbau von ATP verwendet. Der Rest wird als Wärme abgegeben. In Gegenwart von Sauerstoff entsteht aus Glukose Kohlendioxid, Wasser und Energie.

Der erste Teil der Atmung, die Glykolyse, geht im Zytoplasma vor sich. Dazu ist kein Sauerstoff notwendig. In einer Folge von chemischen Schritten wird Glukose (A) in zwei Moleküle Brenztraubensäure zerlegt (B). Es entstehen zwei ATP-Moleküle.

Jedes Brenztraubensäure-Molekül gelangt in ein Mitochondrium und wird zu einem kleineren Molekül (C) abgebaut. Aus diesem Molekül wird während einer Folge von chemischen Reaktionen, dem Zitronensäurezyklus (Krebs-Zyklus) (D), Energie freigesetzt. Diese Energie wird auf Elektronen übertragen und zu der inneren Membran des Mitochondriums transportiert. Während des Zitronensäurezyklus entstehen Kohlendioxid, Wasserstoffatome und zwei weitere ATP-Moleküle.

An der Innenmembran des Mitochondriums werden die energiereichen Elektronen entlang einer Kette von Molekülen (E) weitergegeben. Ein Teil der Energie in den Elektronen dient zum Aufbau weiterer 32 ATP-Moleküle. Der Rest wird als Wärme abgegeben. Am Ende der Kette muß Sauerstoff anwesend sein, um Elektronenpaare aufzunehmen. Erst dann kann sich Wasserstoff mit Sauerstoff zu Wasser verbinden.

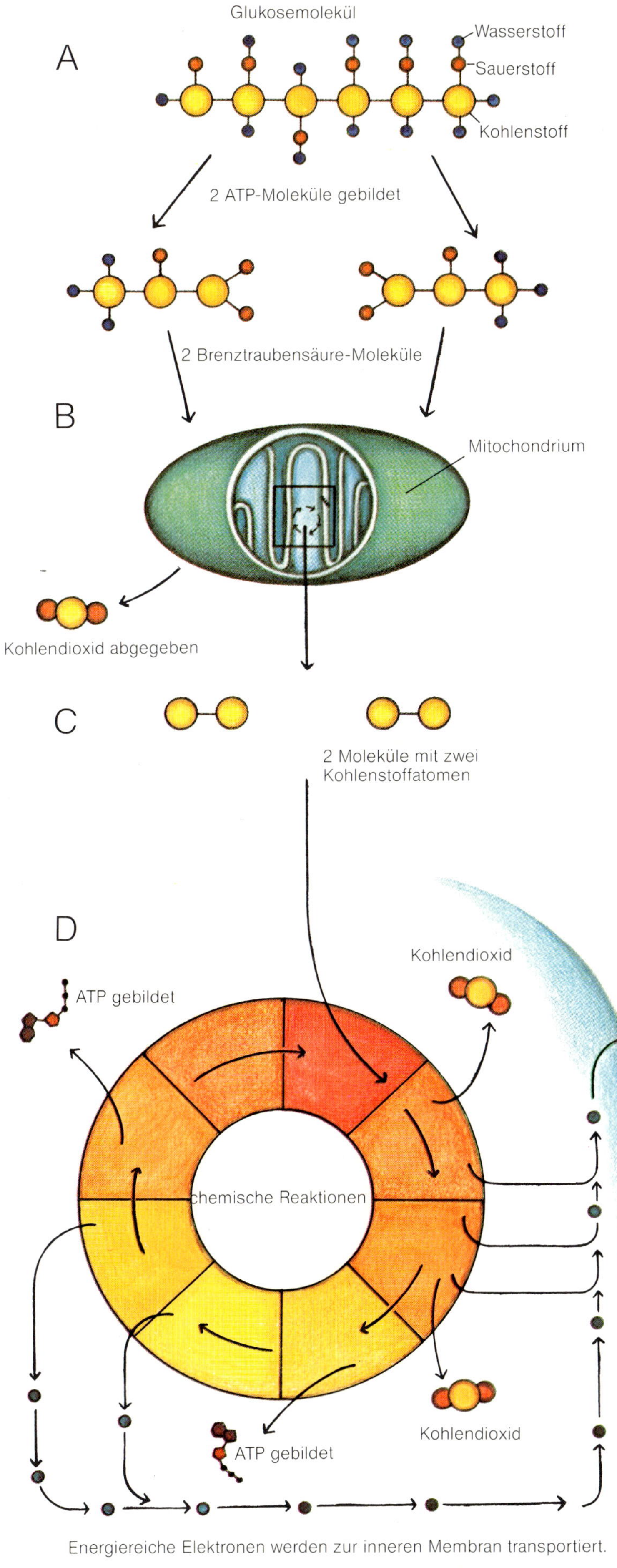

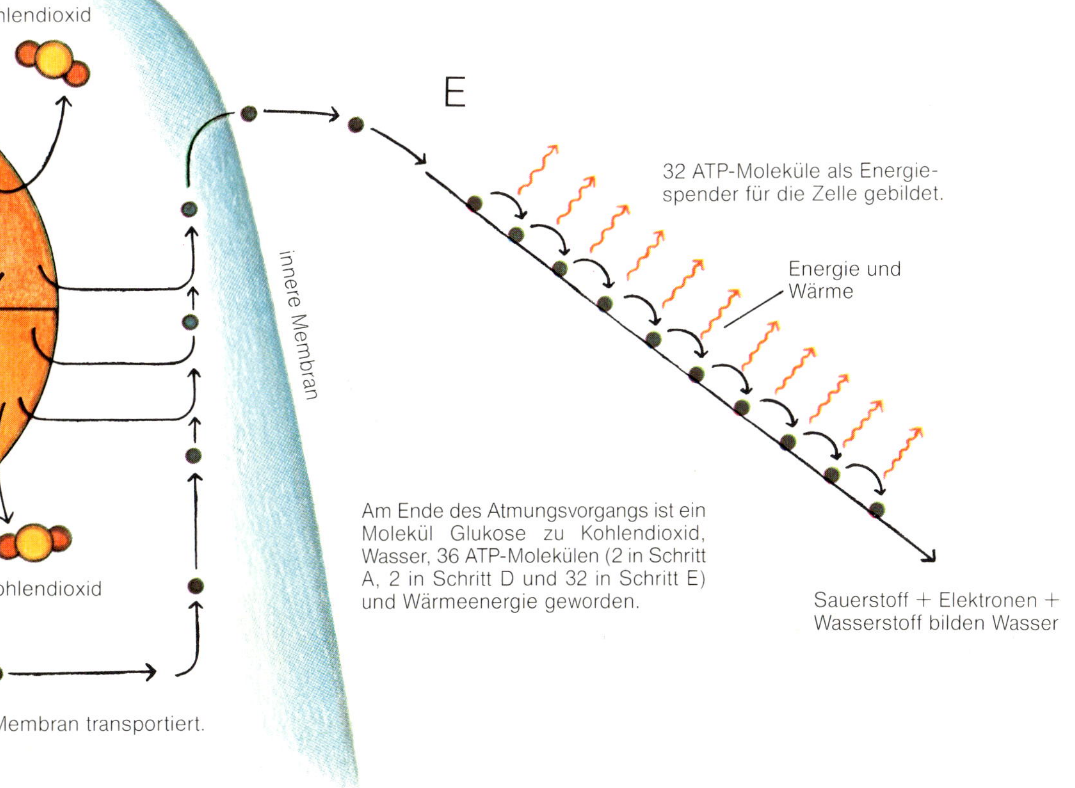

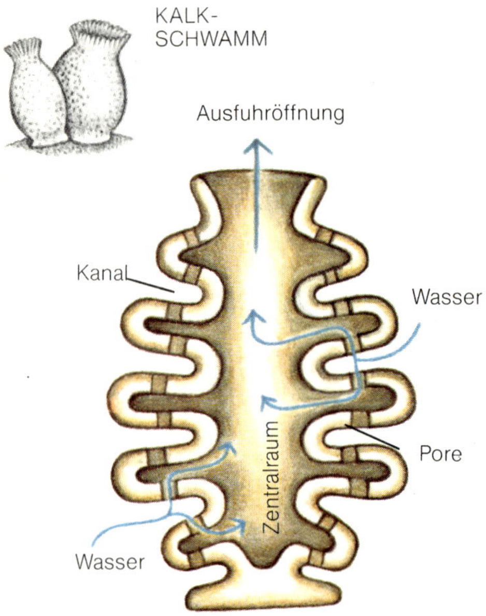

SCHWÄMME Bei Schwämmen — Tieren von einfachem Körperbau — fließt sauerstoffhaltiges Wasser durch Kanäle zu allen Zellen. Wasser tritt durch Poren ein und verläßt den Schwamm durch die große Öffnung oben am Zentralraum. Jede Zelle nimmt Sauerstoff aus dem Wasserstrom auf und gibt Kohlendioxid ab.

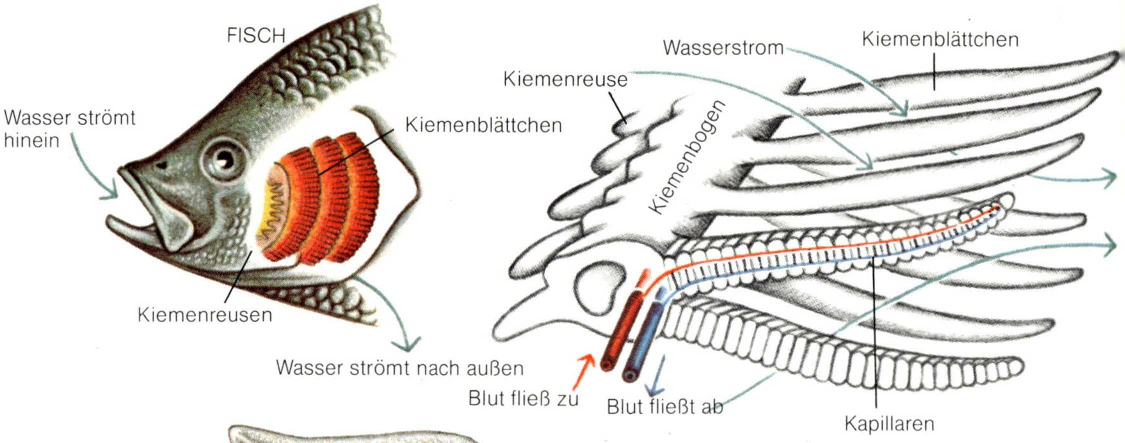

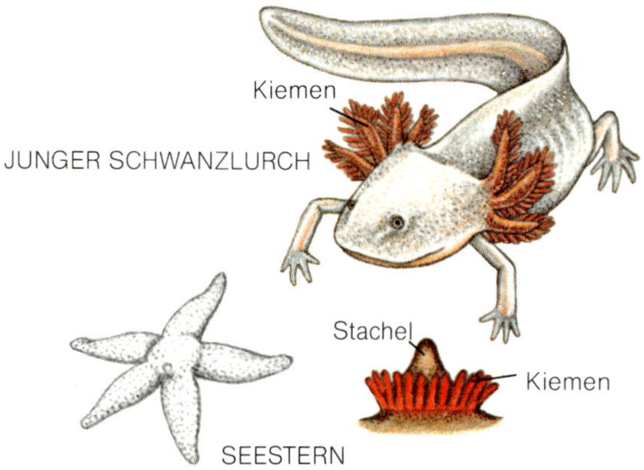

KIEMEN Fische atmen durch Kiemen. Wasser wird durch den Mund aufgenommen und über die Kiemen geleitet. Kiemenreusen verhindern, daß Nahrungspartikel die Kiemenhöhle verstopfen. In den Kiemen gelangt Sauerstoff aus dem Wasser in Kapillaren. Zugleich tritt vom Blut transportiertes Kohlendioxid in das Wasser über. Manche Tiere, z. B. dieser junge Schwanzlurch und dieser Seestern, haben äußere Kiemen.

Aufnahme von Sauerstoff, Abgabe von Kohlendioxid

Bei einfach gebauten Tieren, die nur aus einer Zellschicht oder ein paar Zellschichten bestehen, nimmt jede Zelle Sauerstoff direkt aus dem Wasser auf, in dem das Tier lebt. Wenn Hydren Wasser in ihren Gastralraum aufnehmen, setzen sie die Zellen in ihrem Körper dem Sauerstoff im Wasser aus. Bei Schwämmen gewinnen die einzelnen Zellen den Sauerstoff aus dem Wasserstrom, der ein System von Kanälen durchfließt.

Kiemen

Fische besitzen Kiemen zur Aufnahme von Sauerstoff und Abgabe von Kohlendioxid. Bei erwachsenen Fischen sind die Kiemen in Kiemenspalten an beiden Seiten des Kopfes angeordnet. Jede Kiemenspalte wird von einer schützenden Hautfalte abgedeckt. Kiemen bestehen aus feinen Blättchen auf Kiemenbögen. Kiemen sind zarte Gebilde; außerhalb des Wassers würden sie zusammenfallen und austrocknen.

Bei Fischen gelangt ein Wasserstrom durch den Mund in den muskulösen Schlund, der sich in die Speiseröhre fortsetzt. In diese dringt dabei kein Wasser ein, weil sie kollabiert bleibt, außer wenn das Tier schluckt. Vom Schlund aus streicht der Wasserstrom über die Kiemen. Manche Fische pumpen Wasser über ihre Kiemen, indem sie den Mund schließen und die Schlundmuskeln zusammenziehen. Schnellschwimmende Fische schwimmen mit geöffnetem Mund, so daß ein Wasserstrom über die Kiemen getrieben wird. Kiemenreusen verhindern ein Verstopfen der Kiemenhöhle durch Fremdkörper. Viele Fische filtern mit Hilfe der Kiemenreusen Nahrung aus dem Wasserstrom. Beim Ausstoßen des Wassers durch die Kiemenspalten wird die Hautfalte nach außen gedrückt.

Während Wasser über die Kiemen läuft, tritt Sauerstoff aus dem Wasser durch die Membranen in den Kiemen hindurch in Kapillaren ein. Da die Wände der Kapillaren nur aus einer einzigen Schicht von Zellen bestehen, können

TRACHEENSYSTEM Jedes Segment eines Insektenkörpers weist Tracheenröhren auf. Die Atemluft tritt durch Öffnungen in die Röhren ein und gelangt tief in den Körper des Insekts hinein. Dabei verhindern Filter, daß Fremdkörper eindringen und die Röhren verstopfen. Jede Trachee verzweigt sich zu immer feineren Verästelungen, deren feinste, die Tracheolen, sich in die Gewebe schieben. Der Gasaustausch erfolgt am Ende der mit Flüssigkeit gefüllten Tracheole.

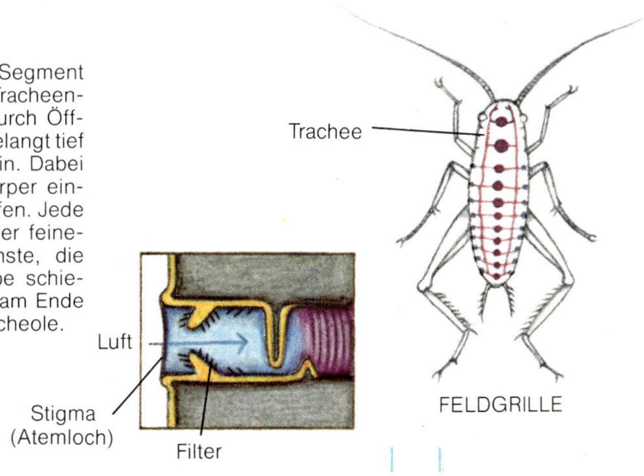

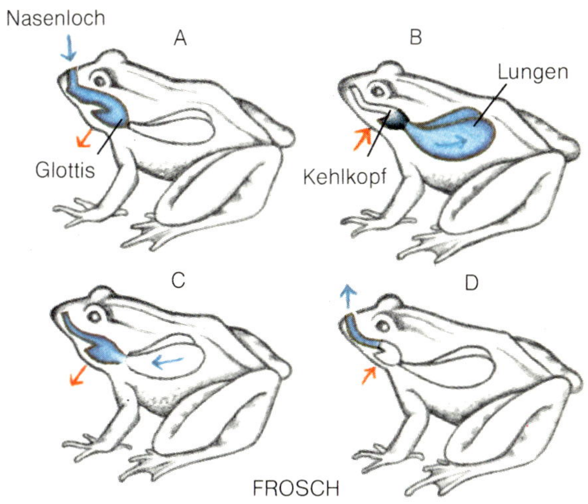

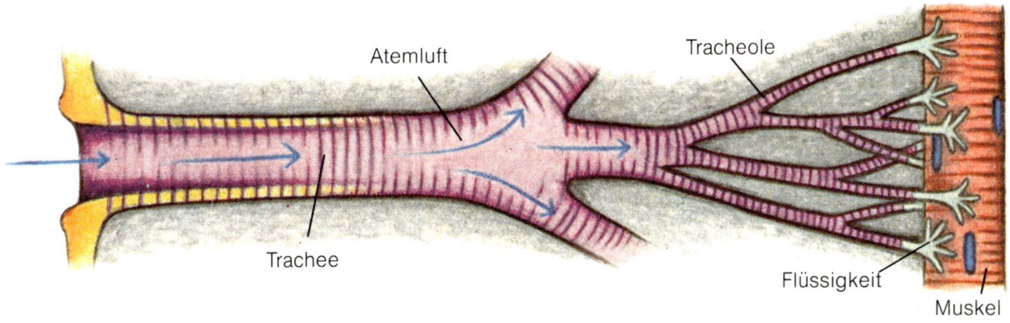

FROSCHLUNGEN Frösche pressen Luft in ihre Lungen hinein. Beim Eintritt der Luft in die Nasenlöcher (A) schließt sich der Lungeneingang (Glottis). Sodann (B) schließen sich die Nasenlöcher, die Glottis öffnet sich, und die Luft wird in die Lungen gepreßt. Nach dem Gasaustausch wird die Luft aus den Lungen in die Mundhöhle zurückgedrückt (C). Am Ende (D) schließt sich der Lungeneingang, die Nasenlöcher öffnen sich, und es wird Luft ausgestoßen, die unverwertbares Kohlendioxid transportiert.

Gase leicht durch sie hindurchgelangen. Rote Blutzellen im Inneren der Kapillaren nehmen Sauerstoff auf.

Das Blut fließt in der dem Wasserstrom entgegengesetzten Richtung durch die Kiemen. Das Blut, das in die Kiemen gelangt, hat seinen Sauerstoff bereits an alle Zellen im Körper des Fisches abgegeben. Es braucht mehr Sauerstoff. Da sich im Wasser mehr Sauerstoff befindet als in diesem Blut, tritt Sauerstoff in die Kapillaren über. Nun transportiert das Blut ja zugleich das von Zellen abgegebene Kohlendioxid, und weil dieses Blut mehr Kohlendioxid enthält als das Wasser, tritt Kohlendioxid aus den Kiemen nach außen und in das Wasser über.

Nicht alle Fische sind auf Kiemenatmung angewiesen. Zitteraale zum Beispiel können durch den Mund atmen. Zum Luftholen müssen sie alle paar Minuten auftauchen. Sauerstoff gelangt bei ihnen durch Membranen im Mund in den Körper, Kohlendioxid wird über die Haut abgegeben.

Tracheensystem

Bei Insekten geht der Gasaustausch (Aufnahme von Sauerstoff, Abgabe von Kohlendioxid) nach einem ganz anderen System vor sich. Jeder Abschnitt des Insektenkörpers besitzt links und rechts an seiner Oberfläche ein Stigma. Mit diesen verschließbaren, die Luftventilation in den Tracheen regelnden Atemöffnungen beginnen die Tracheen (Luftröhren).

Die Tracheen ziehen tief in den Insektenkörper hinein, verzweigen sich und werden immer dünner. Sie endigen mit feinsten Verästelungen, die man als Tracheolen bezeichnet. Jedes Gewebe im Körper ist mit einer Tracheole versorgt. Tracheolen enthalten die Membranen, durch die hindurch Gase ausgetauscht werden. Die Enden der Tracheolen sind mit Flüssigkeit gefüllt, die der Feuchthaltung der Membranen dient.

Der von Zellen benötigte Sauerstoff gelangt aus der Luft in der Tracheenröhre in die Flüssigkeit, durch die Membranen hindurch und in die Zellen. Kohlendioxid verläßt den Körper in der entgegengesetzten Richtung. Zum Teil wird Kohlendioxid auch durch die Haut des Insekts ausgeschieden. Große Insekten besitzen Muskeln, deren Bewegungen der Erneuerung der Atemluft in den Tracheenröhren dienen (Pumpbewegungen).

Manche Insekten leben im Wasser. Schwimmkäfer zum Beispiel schwimmen zur Wasseroberfläche empor und nehmen Luftblasen unter ihre Flügeldecken. Unter Wasser zehren sie von diesem Luftvorrat. Sauerstoff nehmen nur diejenigen Tracheenöffnungen an ihrem Körper auf, die die Luftblase berühren.

Lungen

Lurche (Amphibien) sind Tiere, die im Wasser und auf dem Lande leben. Manche haben Kiemen außen am Kör-

LUNGEN Die Pfeile zeigen den Weg der Atemluft von den Nasenlöchern zu den winzigen Bronchiolen in den Lungen. Am Ende jeder Bronchiole sitzen dünnwandige Säckchen, die Alveolen (Lungenbläschen), in denen der Gasaustausch stattfindet. Blut, das unverwertbares Kohlendioxid mitführt, gelangt zu den Alveolen und verläßt sie mit frisch aufgenommenem Sauerstoff.

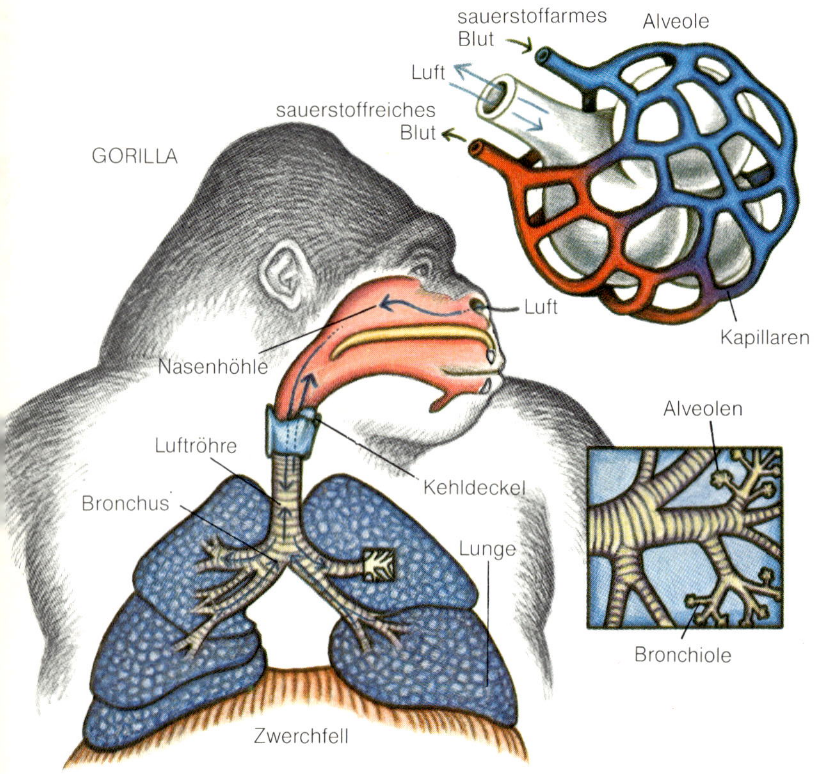

per. Andere, zum Beispiel Frösche, besitzen Lungen. Frösche pressen Luft in ihre Lungen. Die meisten anderen Tiere saugen Luft mit Hilfe von Muskeln in die Lungen ein.

Landtiere wie z. B. Gorillas haben zwei leichte, schwammige, elastische Säcke, die als Lungen bezeichnet werden. Die Lungen sind von einer dicht abschließenden Haut überzogen. Lungen haben keine Muskeln, aber sie liegen im Brustraum, umgeben vom Brustkorb, an dem Muskeln ansetzen. Unter den Lungen liegt eine Muskelplatte, das Zwerchfell.

Den mechanischen Vorgang, durch den Luft in die Lungen eintritt und sie wieder verläßt, nennt man Atmen. Wenn den Lungen Luft zugeführt wird, bewegt sich das Zwerchfell nach unten, und die Rippen bewegen sich nach oben und außen. Dadurch erweitert sich der Brustraum – die Luft kann in die Lungen strömen.

Beim Einatmen wird die Luft durch die Nasenhöhle geleitet und dort befeuchtet und vorgewärmt. Dann gelangt sie in die Luftröhre, die durch hufeisenförmige Knorpelspangen (Knorpel siehe S. 53) offengehalten wird. Beim Schlucken von Nahrung verschließt der Kehldeckel die Atemwege.

Durch die Luftröhre gelangt die Atemluft in den Brustraum. Dort gabelt sich die Luftröhre in zwei Stammbronchien, die in die Lungen eintreten. In den Lungen verzweigt sich jeder Bronchus in kleinere Äste. Die kleinsten Zweige, die Bronchiolen, enden mit winzigen Lungenbläschen, den Alveolen. Unsere Lungen weisen Hunderttausende von Bronchiolen und Millionen von Alveolen auf.

Ein Alveolarsäckchen sieht wie ein Bund Luftballons aus. Die Alveolarwand ist sehr dünn und feucht. Ein dichtes Netz von Kapillaren umgibt die Alveolen. Das Kohlendioxid transportierende Blut gelangt zu den Alveolen und verläßt sie mit neu aufgenommenen Sauerstoff. Der Gasaustausch erfolgt durch die Membranen in den Alveolen. Wenn das Zwerchfell erschlafft, wird Luft, die Kohlendioxid enthält, aus den Lungen gedrückt.

Bei aktiven Tieren reichert sich das Blut mit viel Kohlendioxid an. Um das Kohlendioxid auszuscheiden und genug Sauerstoff zu bekommen, müssen sie intensiver atmen. Veränderungen der Atemfrequenz kontrolliert das Gehirn.

Wie Vögel atmen

Vögel haben ein einzigartiges Atmungssystem. Außer Lungen besitzen Vögel acht oder neun Luftsäcke. Diese

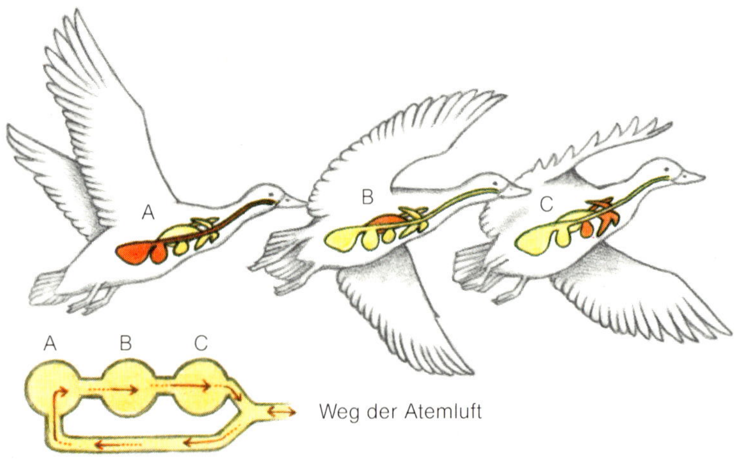

WIE VÖGEL ATMEN Außer Lungen besitzen Vögel acht oder neun Luftsäcke. Wenn Vögel einatmen, gelangt die Luft zuerst in die hinteren Luftsäcke (A). Dann strömt sie in die Lungen (B), wo der Gasaustausch erfolgt. Von den Lungen gelangt diese Luft in die vorderen Luftsäcke (C) und wird schließlich ausgeatmet.

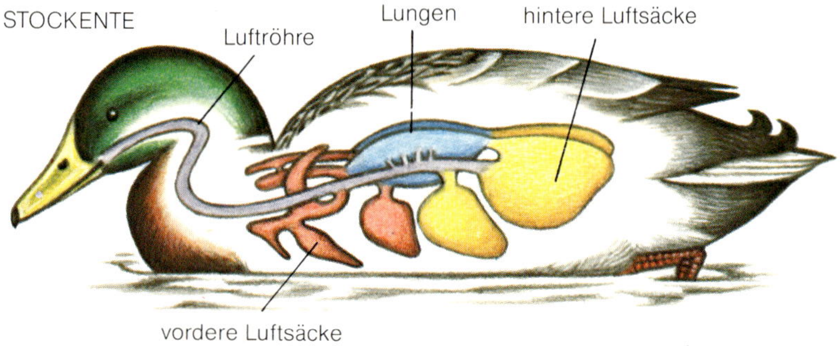

Luftsäcke sind große Gebilde; einige liegen vor den Lungen, einige dahinter. Die Luft strömt zuerst in die hinteren Luftsäcke und sodann in die Lungen, wo der Gasaustausch stattfindet. Von den Lungen gelangt die Luft in die vorderen Luftsäcke und schließlich nach außen. Dank dieses Systems können Vögel der Luft mehr Sauerstoff entnehmen als andere Tiere und in Höhen fliegen, wo weniger Sauerstoff verfügbar ist.

Gasaustausch in Pflanzen

Atmung findet in allen lebenden Pflanzenteilen statt. Tagsüber geht sie in Mitochondrien zur selben Zeit vor sich wie in Chloroplasten die Photosynthese. Pflanzenzellen benutzen die während der Photosynthese produzierten Stoffe Glukose und Sauerstoff, um die Atmung durchzuführen. In der Nacht, wenn nur die Atmung abläuft, müssen die Blätter Sauerstoff aufnehmen und unverwertbares Kohlendioxid abgeben.

Blätter besitzen an ihrer Oberfläche eine Zellschicht, die man als Epidermis (Oberhaut) bezeichnet. Bei vielen Blättern weisen die Außenwände der Epidermiszellen einen Wachsüberzug auf, der das Eintreten oder Entweichen von Gasen und Wasser verhindert.

Dem Gasaustausch dienen die Spaltöffnungen der Blätter. Jede Spaltöffnung wird von zwei halbmondförmigen Schließzellen (S. 24) gebildet, die das Öffnen und Schließen des Spalts zwischen ihnen bewirken.

Blätter bestehen aus verschiedenen Zellschichten. Unter der Epidermis der Blattoberseite liegt das Palisadengewebe, der Hauptort der Photosynthese. Darunter folgt das Schwammgewebe mit großen, miteinander verbundenen Hohlräumen, in denen Luft zirkulieren kann. Durch diese Hohlräume gelangen Sauerstoff und Kohlendioxid zu den Blattzellen. Wasser gelangt zu ihnen aus den Blattadern. Sobald Kohlendioxid und Sauerstoff in dem jede Zelle umhüllenden Wasserfilm gelöst sind, können sie hinein- und herausdiffundieren.

Auch die Zellen im Stamm brauchen Sauerstoff. Am Stamm dienen die Lentizellen oder Rindenporen der Zuführung der Außenluft nach innen und der Luftabgabe nach außen. Bei holzigen Gewächsen, z. B. Bäumen, finden sich die Lentizellen in der Borke, der äußeren Schicht des Stammes.

Im Boden werden Gase durch die feuchten Membranen von Wurzelhaarzellen hindurch ausgetauscht. Sauerstoff wird aus der Luft aufgenommen, die sich in den Hohlräumen zwischen Bodenpartikeln befindet. Wenn Regenwürmer sich durch das Erdreich bewegen, tragen sie zur Lockerung und Durchlüftung des Bodens bei. Ist der Boden zu naß, wird Luft hinausgepreßt, und die Wurzeln sterben ab.

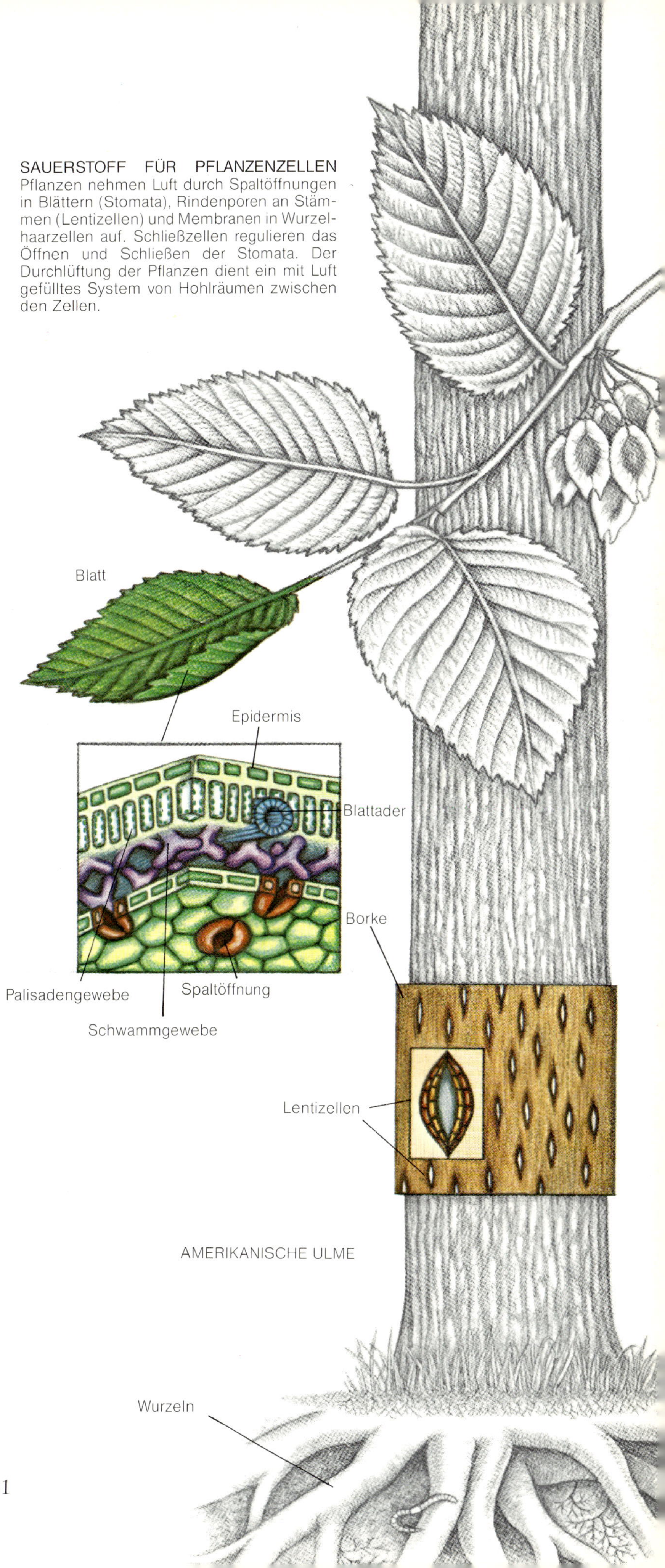

SAUERSTOFF FÜR PFLANZENZELLEN
Pflanzen nehmen Luft durch Spaltöffnungen in Blättern (Stomata), Rindenporen an Stämmen (Lentizellen) und Membranen in Wurzelhaarzellen auf. Schließzellen regulieren das Öffnen und Schließen der Stomata. Der Durchlüftung der Pflanzen dient ein mit Luft gefülltes System von Hohlräumen zwischen den Zellen.

Kreislauf

Giraffen sind die höchstgewachsenen Tiere der Erde. Sie werden bis 5,5 m hoch, bei einer Halslänge bis 1,6 m. Wie die Kühe sind die Giraffen Pflanzenfresser und Wiederkäuer mit einem Magen, der aus vier Abschnitten besteht. Die aus verdauter Pflanzenkost gewonnenen Nährstoffe gelangen durch die Dünndarmwand in Kapillaren. Diese Nährstoffe müssen zu allen Zellen im Körper befördert werden, auch zu denen hoch oben im Kopf der Giraffe. Zudem benötigen alle Zellen Sauerstoff. Er muß aus dem Bereich der Kapillaren in den Lungen, wo er aufgenommen wird, zu den Zellen transportiert werden.

Bei Tieren sind Kapillaren ein Teil des Kreislaufsystems. Zusammen mit den Venen und Arterien bilden sie ein System von Blutgefäßen, in dem das Blut kreist. Das Herz pumpt Blut zu allen Teilen des Körpers.

Das Blut

Das Blut versorgt Zellen mit Nährstoffen und Sauerstoff. Es schafft Abfallstoffe der Zellen zu den Ausscheidungsorganen des Körpers (S. 42). Das Blut besteht aus den Blutzellen und dem flüssigen Blutplasma. Das Blutplasma besteht zu 90 Prozent aus Wasser; es enthält ferner gelöste Nährstoffe, Vitamine, Mineralien, Proteine und Abbauprodukte. Auch ist das Blutplasma an der Ausbreitung von Wärme von einem Teil des Körpers zum anderen beteiligt.

Das Blut weist verschiedene Arten von Blutzellen auf. Die roten Blutkörperchen enthalten Hämoglobin, das den Sauerstoff im Körper transportiert. Die weißen Blutkörperchen wehren Krankheitserreger ab.

Das Herz

Bei vielen Tieren wie zum Beispiel Giraffen und Zebras weist das Herz vier muskulöse Hohlräume auf. Die oberen bezeichnet man als Herzvorhöfe, die unteren zwei als Herzkammern. Durch eine Muskelwand ist das Herz in eine rechte und eine linke Hälfte unterteilt. Jede Hälfte hat einen Vorhof und eine Kammer.

Die Herzmuskulatur ist einzigartig — das Herz schlägt nämlich automatisch. Gleichwohl kann der Herzschlag durch Nervensignale verändert werden. Manche Nerven beschleunigen ihn, andere verlangsamen ihn. Auch beeinflussen bestimmte chemische Stoffe die Anzahl der Herzschläge.

Das Zusammenziehen — die Kontraktion — des Herzmuskels wird vom Schrittmacher eingeleitet, der sich im rechten Vorhof befindet. Der Schrittmacher gibt Signale, die sich von den Vorhöfen zu den Kammern ausbreiten. Diese Signale bewirken, daß sich Herzmuskelfasern zusammenziehen. Durch das Zusammenziehen der Herzmuskulatur wird Blut aus dem Herzen gepumpt. Zwischen zwei Kontraktionen entspannt sich die Muskulatur; infolgedessen kann Blut in die Vorhöfe gelangen. Ständig strömt Blut in das Herz oder verläßt es.

Blutgefäße

Das Blut fließt in dreierlei Blutgefäßen — Arterien, Kapillaren und Venen. Die Arterien sind Gefäße, die vom Herzen fortführen. Sie haben starke, elastische Wände. Die größte Arterie, die Aorta, entspringt aus dem Herzen.

Arterien führen Blut zu Kapillaren, den kleinsten Blutgefäßen. Die Kapillarwände haben nur Zellenstärke und sind daher für Nährstoffe, Sauerstoff und Abfallprodukte leicht passierbar.

Von den Kapillaren fließt das Blut in Venen und in ihnen zum Herzen zurück. Die Venen haben dünnere, weniger muskulöse Wände als die Arterien. Die größte Vene, die Hohlvene, mündet in das Herz ein.

Das Herz pumpt Blut in große Arterien, die sich zu kleineren und immer kleineren Arterien verzweigen und schließlich in Kapillaren übergehen.

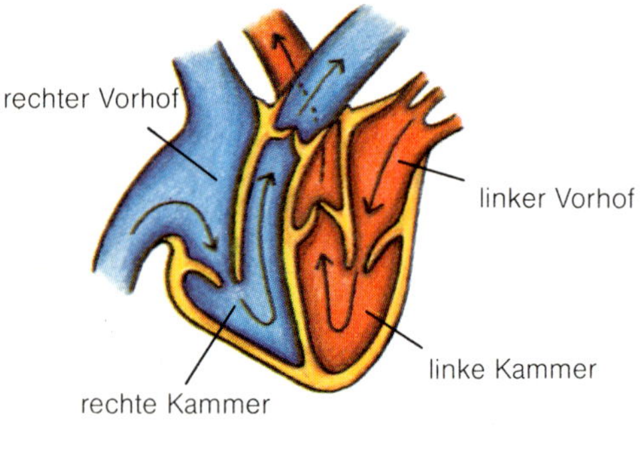

Das Herz pumpt Blut.

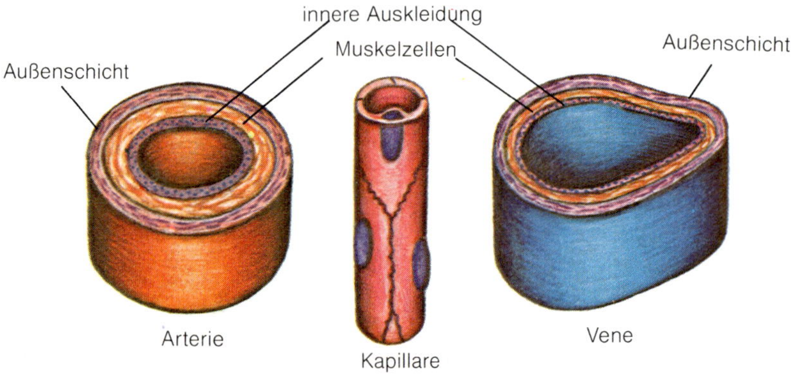

Das Blut fließt von Arterien zu Kapillaren und von diesen zu Venen.

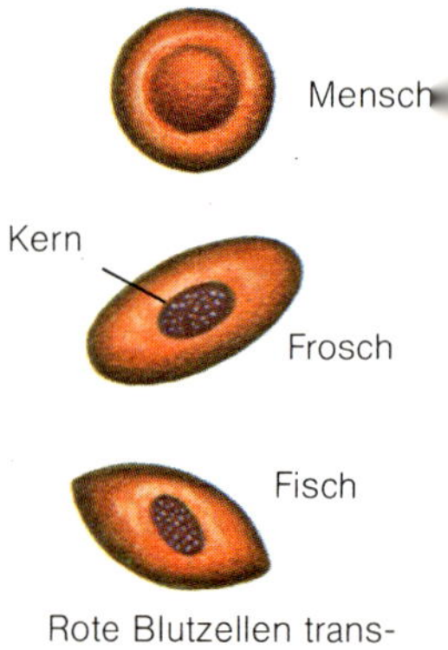

Rote Blutzellen transportieren Sauerstoff.

Auf seinem Rückwege zum Herzen verläßt das Blut die Kapillaren und fließ in kleine Venen. Diese Venen münden in größere Venen, und die größte, die Hohlvene, entleert das Blut in das Herz.

Der Blutkreislauf

Das mit Kohlendioxid beladene Blut strömt in den rechten Vorhof und dann in die rechte Kammer. Eine Einwegklappe verhindert, daß das Blut zurückfließt. Bei jeder Zusammenziehung des Herzens wird Blut aus der rechten Kammer und in die Arterie geworfen, die es zu den Lungen führt.

In den Lungenkapillaren wird vom Blut Sauerstoff aufgenommen und Kohlendioxid abgegeben. Das sauerstoffreiche Blut verläßt die Lungen in Venen, durch die es in den linken Vorhof gelangt.

Dann strömt das sauerstoffreiche Blut aus dem linken Vorhof in die linke Kammer. Wenn sich das Herz zusammenzieht, wird dieses Blut aus dem Herzen hinaus- und in die Aorta geworfen. Von der Aorta zweigen große Arterien ab, die jeden Teil des Körpers mit Blut versorgen.

Wenn das Blut die Kapillaren erreicht, gelangen Nährstoffe und Sauerstoff durch die Kapillarwände hindurch zu den Zellen, die die Stoffe benötigen. Bevor das Blut den Kapillarbereich verläßt, nimmt es von den Zellen abgegebene Abbauprodukte auf.

Von den Kapillaren fließt das Blut in kleine Venen, die im weiteren Verlauf größer werden. Schließlich gelangt das sauerstoffarme, mit Abfallstoffen beladene Blut in die Hohlvene, die es zum rechten Vorhof zurückführt.

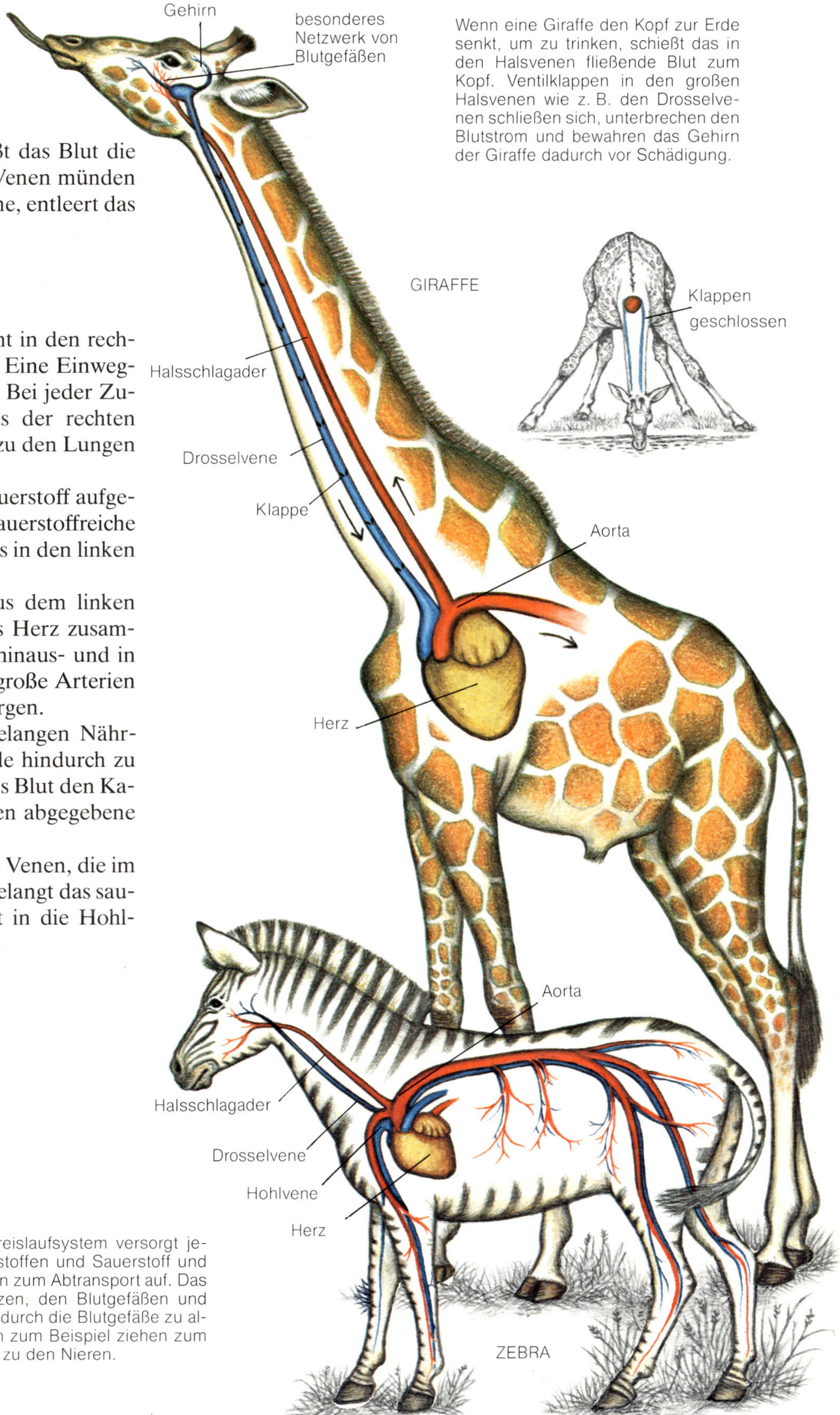

Wenn eine Giraffe den Kopf zur Erde senkt, um zu trinken, schießt das in den Halsvenen fließende Blut zum Kopf. Ventilklappen in den großen Halsvenen wie z. B. den Drosselvenen schließen sich, unterbrechen den Blutstrom und bewahren das Gehirn der Giraffe dadurch vor Schädigung.

DER BLUTKREISLAUF Das Kreislaufsystem versorgt jeden Teil des Körpers mit Nährstoffen und Sauerstoff und nimmt Abbauprodukte der Zellen zum Abtransport auf. Das System besteht aus dem Herzen, den Blutgefäßen und dem Blut. Das Herz pumpt Blut durch die Blutgefäße zu allen Zellen. Die Halsschlagadern zum Beispiel ziehen zum Kopf, die Nierenarterien ziehen zu den Nieren.

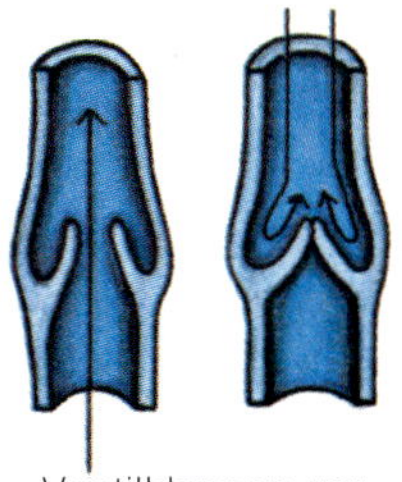

Ventilklappen verhindern den Rückfluß des Blutes

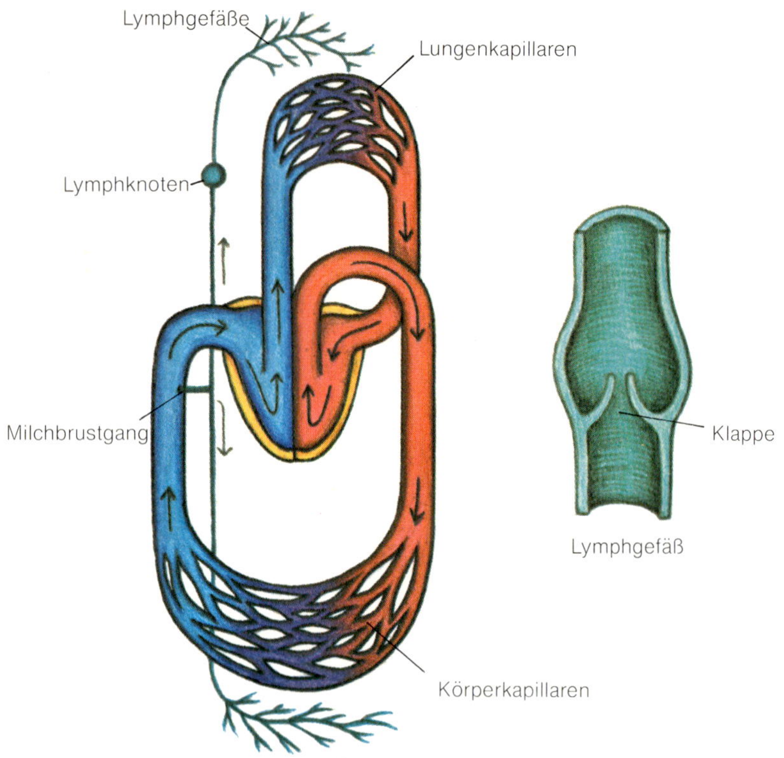

TRANSPORTSYSTEME Genau besehen ist das Herz zwei Pumpen. Die rechte Herzhälfte pumpt Blut zu den Lungen, damit Kohlendioxid ausgeschieden und frischer Sauerstoff aufgenommen werden können. Die linke Herzhälfte pumpt sauerstoffreiches Blut zu allen Teilen des Körpers. Das Lymphgefäßsystem führt Flüssigkeiten durch den Milchbrustgang in den Blutkreislauf zurück. Lymphgefäße haben wie Venen Einwegklappen.

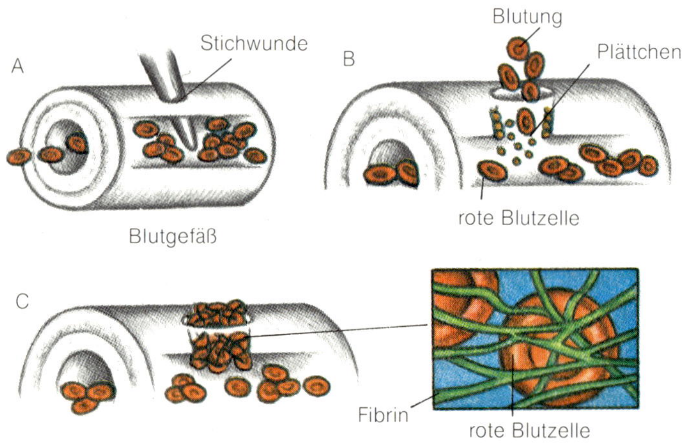

BLUTGERINNUNG Wenn Blutgefäße verletzt werden (A), fließt Blut in das Gewebe. An der Wundstelle (B) sammeln sich winzige Blutplättchen an und geben ein Enzym ab, durch das sich klebrige Fibrinfäden bilden. Diese klebrigen Fäden (C) bilden ein Netzwerk, das Blutzellen und Blutplättchen festhält. Durch die Gerinnung entsteht eine Kruste, die Blutung hört auf, und die Wunde kann verheilen.

Das Herz ist mit eigenen Blutgefäßen ausgestattet. Herzkranzarterien bringen Sauerstoff und Nährstoffe zu den Herzzellen und Herzkranzvenen und führen Abfallstoffe von den Herzzellen fort. Wenn die das Herz versorgenden Blutgefäße geschädigt oder verstopft sind, besteht die Gefahr, daß das Herz aufhört zu arbeiten.

Rote Blutzellen

Rote Blutzellen transportieren Sauerstoff. Jede Zelle entsteht im roten Knochenmark (siehe S. 52) und lebt nur ein paar Monate. Leber und Milz zerstören zwar Millionen von gealterten roten Blutzellen, aber diese Blutzellen werden sofort durch neue ersetzt. Rote Blutzellen enthalten Millionen Moleküle des Eiweißstoffs Hämoglobin. Jedes Hämoglobinmolekül kann vier Sauerstoffmoleküle transportieren, und dadurch sieht sauerstoffreiches Blut hellrot aus. Wenn Hämoglobin Sauerstoff an Körperzellen abgibt, die Sauerstoff benötigen, wird das Blut dunkelrot.

Blutdruck

Das Herz pumpt Blut unter Druck in die Arterien. Dieser Blutdruck ist die Kraft, die entsteht, wenn die linke Herzkammer sich zusammenzieht. Der Druck muß so hoch sein, daß Blut zu allen Teilen des Körpers gelangt.

Aufrechterhalten wird der Blutdruck durch die Muskelwände der Arterien. Diese Wände dehnen sich, wenn Blut hineingepreßt wird. Durch elastisches Zurückspringen unterstützen sie die Blutfortleitung. Dieses fortgesetzte Sicherweitern und Sichverengen der Arterien ist das, was wir spüren, wenn wir uns den Puls fühlen.

Während das Blut vom Herzen wegfließt, fällt der Blutdruck ab. Wenn das Blut die Venen erreicht, ist er nur noch gering. Zudem sind die Wände der Venen nicht muskulös genug, um Druck zu erzeugen. Skelettmuskeln, die gegen die Venen drücken, helfen, das Blut zum Herzen hinzutreiben. Auch haben viele Venen Ventilklappen, die den Rückfluß des Blutes verhindern.

Bei der Giraffe liegt der Druck, mit dem das Herz das Blut pumpt, viel höher als bei anderen Tieren. Er ist erforderlich, um das Blut durch die langen Halsarterien bis in den Kopf zu bewegen. Aber hoher Blutdruck ist gefährlich, weil er kleine Blutgefäße zum Platzen bringen kann. Bei der Giraffe reduziert ein besonderes Netzwerk von Blutgefäßen am Gehirngrund den hohen Blutdruck soweit, daß er dem Tier nicht schadet.

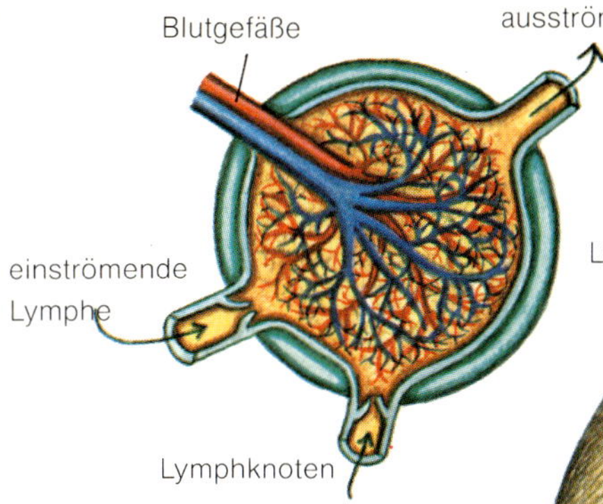

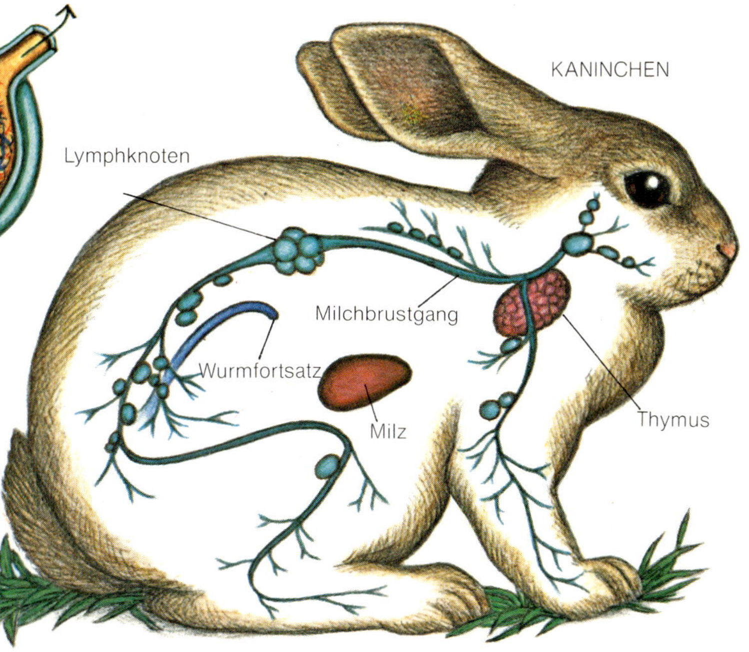

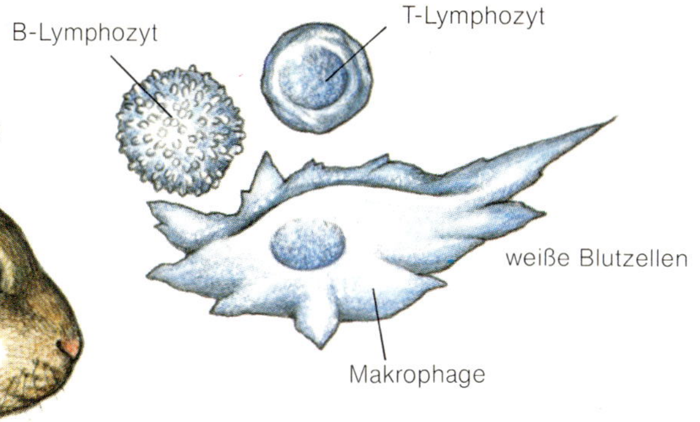

ABWEHR VON KRANKHEITEN Lymphknoten filtern schädliche Bakterien und Viren aus der Lymphe heraus. Die Lymphknoten und die Milz enthalten Lymphozyten, weiße Blutzellen, die Antikörper ausscheiden und dem Organismus bei der Abwehr von Krankheiten helfen. Einige Lymphozyten werden im Thymus gebildet.

Das Lymphgefäßsystem

Kapillarwände sind so dünn, daß Flüssigkeit und einige kleine Proteine aus den Blutgefäßen in die Gewebelücken zwischen den Zellen auswandern. Diese Flüssigkeit besteht zum größten Teil aus Wasser und umspült alle Körperzellen. Wenn Kapillaren fortgesetzt Flüssigkeit verlören, wäre in den Blutgefäßen bald gar keine mehr vorhanden. Während ein Teil dieser Flüssigkeit zu den Venen zurückkehrt, gelangt der Rest durch Lymphgefäße wieder in den Blutkreislauf. Die im Lymphgefäßsystem fließende Flüssigkeit wird als Lymphe bezeichnet.

Da Lymphgefäße sehr dünne Wände haben, können Flüssigkeiten und Proteine leicht in die Lymphgefäße gelangen. Aber genau das können auch Bakterien, Viren und Krebszellen. Deshalb ist das ganze Lymphgefäßsystem mit Lymphknoten versehen, die die Lymphe filtern und schädliche Viren und Zellen festhalten.

Hat ein Tier eine Verletzung erlitten, können Bakterien und Viren durch die offene Wunde eindringen und eine Infektion hervorrufen. Deshalb beginnt die Wunde sofort, sich zu schließen. In den verletzten Blutgefäßen bilden sich Gerinnsel (vgl. die Abbildung S. 34). An der Wundstelle werden Freßzellen tätig, die Makrophagen; sie nehmen Schmutzteilchen, Bruchstücke von beschädigten Zellen und alles, was sie an Bakterien vorfinden, in sich auf und zerlegen das Material.

Eine Wunde braucht Zeit zum Verheilen, wie wir wissen. Unterdessen können aber Bakterien in unseren Blutstrom eingedrungen sein und im Körper zirkulieren. Wenn diese Bakterien nicht abgetötet werden, könnten sie sich vermehren und unsere Gewebe infizieren oder sogar zerstören.

Die Hauptbekämpfer von Infektionen in unserem Organismus sind die Lymphozyten. Man unterscheidet bei diesen weißen Blutzellen zwei Hauptgruppen, die T-Zellen und die B-Zellen. T-Zellen sind Lymphozyten, die sich im Thymus entwickeln. B-Zellen werden im Knochenmark gebildet.

Die Oberfläche verschiedener Bakterien und Viren weist Proteine auf, an denen sie zu identifizieren sind (wie Menschen an ihren Fingerabdrücken). Unsere Lymphozyten können diese Proteine erkennen und die Bakterien oder Viren als Eindringlinge identifizieren, die nicht in unseren Körper gehören. Nachdem diese Eindringlinge erkannt wurden, helfen T-Zellen B-Zellen, sich in besondere Zellen umzuwandeln, die Antikörper bilden.

Antikörper sind Proteine, die sich fest an Bakterien oder Viren binden und sie unschädlich machen. Bakterien und Viren, an die sich Antikörper gebunden haben, können von Reinigungs-Makrophagen und von speziellen Zellen in unserer Leber und Milz leicht erkannt und vernichtet werden. Unser Körper vermag Hunderttausende verschiedene Arten von Antikörpern zu bilden. Jede Antikörperart weiß genau, wofür sie zuständig ist. Wenn wir Mumps haben, bildet unser Organismus Antikörper, die Mumps-Viren aufs Korn nehmen; gegen Masern-Viren sind diese Antikörper unwirksam. Wenn wir an den Masern erkranken, bilden wir Antikörper, die nur die Masern-Viren bekämpfen. Antikörper kreisen unaufhörlich im Blut und in der Lymphe durch unseren Körper, bis sie jeden schädlichen Eindringling entdeckt haben. Antikörper und Lymphozyten machen uns gegen Krankheiten immun.

Kreislaufsysteme

Durch das Kreislaufsystem werden Stoffe zu jedem Teil des Tierkörpers hintransportiert und Abbauprodukte fortgeschafft. In den Zeichnungen ist mit Pfeilen gekennzeichnet, welchen Weg das Blut im Kreislauf des Tieres nimmt.

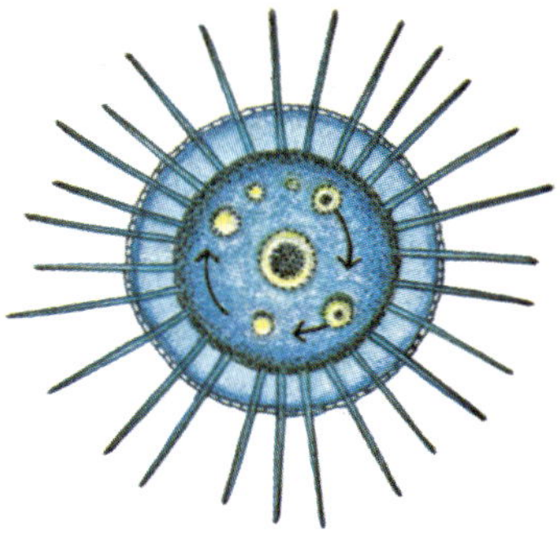

STRÖMUNG In einzelligen Organismen werden Nährstoffe und Gase durch eine Strömung des Zytoplasmas in der Zelle herumgeleitet.

EINZELLIGES SONNENTIERCHEN

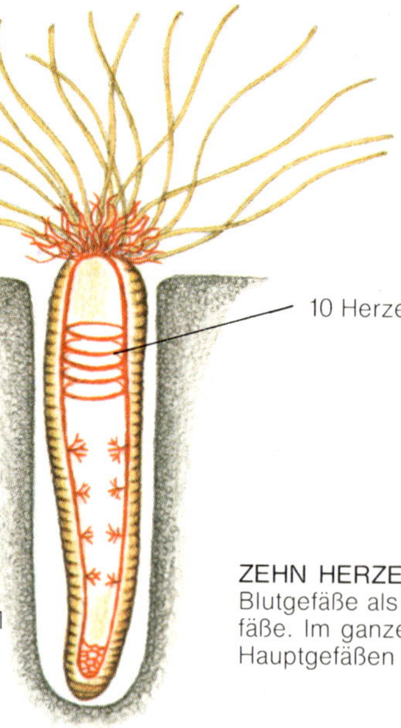

TENTAKEL-RÖHRENWURM

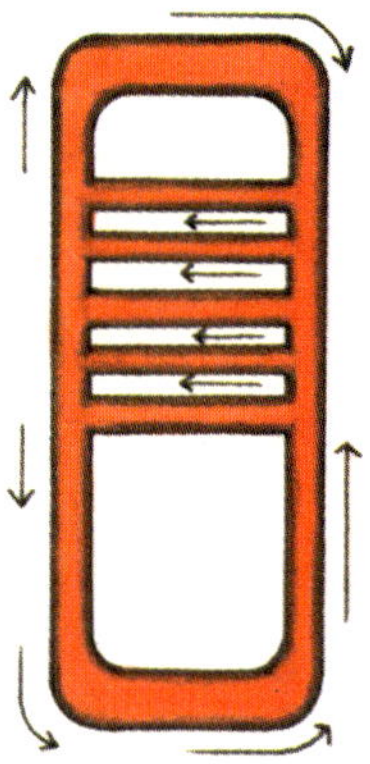

ZEHN HERZEN Bei den Röhrenwürmern dienen zehn winzige Blutgefäße als Herzen; sie treiben das Blut durch zwei Hauptgefäße. Im ganzen Körper des Röhrenwurms zweigen von diesen Hauptgefäßen Kapillaren ab, die jeder Zelle Blut zuführen.

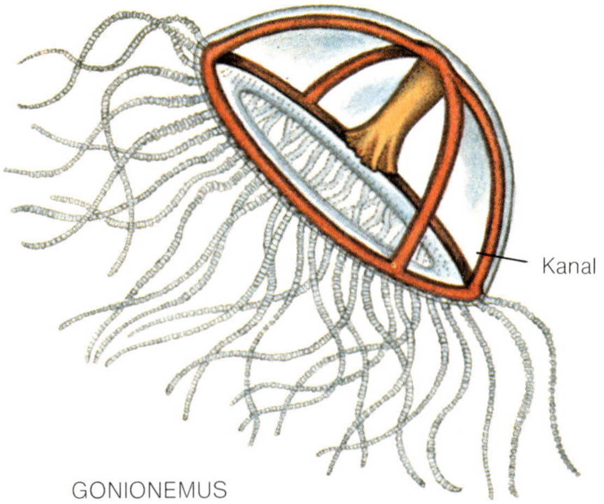

GONIONEMUS

KANÄLE Medusen wie der Gonionemus nehmen Wasser auf, das Nahrung und Sauerstoff enthält und durch Kanäle zu allen Zellen des Körpers gelangt. Die Kanäle sind innen mit Wimpern (Cilien) besetzt, die das Strömen des Wassers bewirken. Wenn das Wasser aus der Meduse austritt, transportiert es Kohlendioxid und andere Abfallstoffe ab.

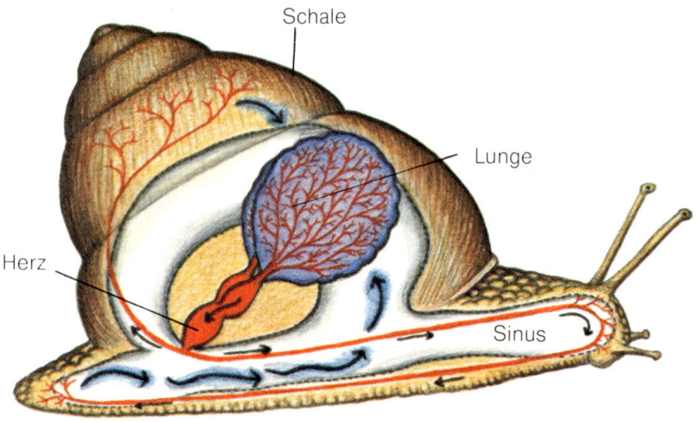

LANDSCHNECKE

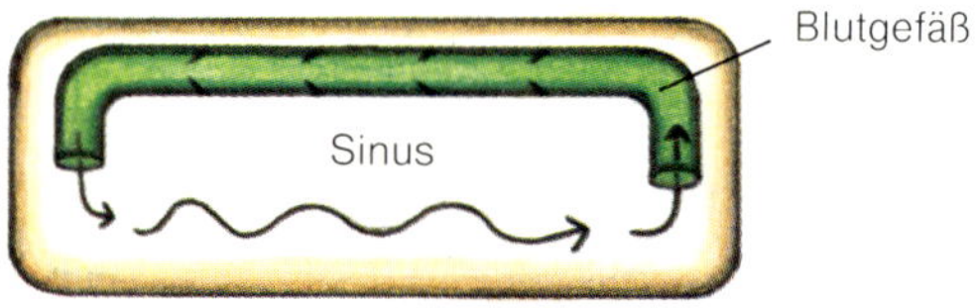

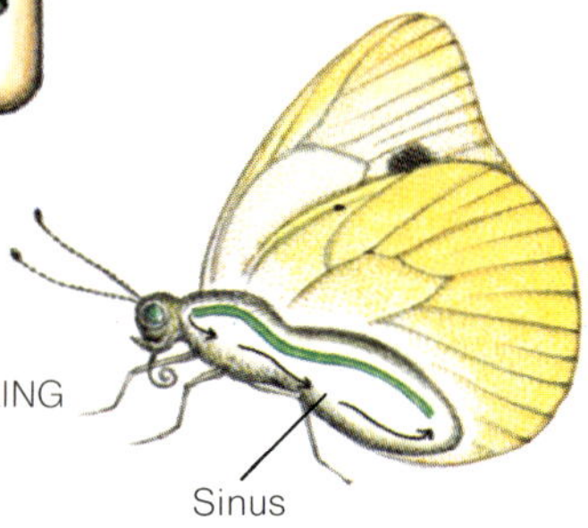

GROSSER KOHLWEISSLING

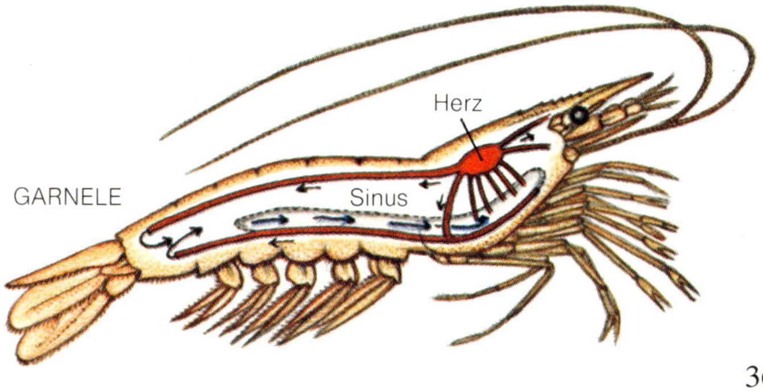

GARNELE

OFFENE SYSTEME Im Körper von Landschnecken (oben links), Garnelen (links) und Insekten (oben) fließt das Blut von Gefäßen in große Hohlräume (Sinus) zwischen Organen. Es bewegt sich langsam durch diese Hohlräume, bevor es zum Herzen zurückströmt. Bei Landschnecken nimmt das Blut Sauerstoff in den Lungen auf, bei Garnelen wird Sauerstoff über die Kiemen zugeführt. Bei Insekten befördert das Blut keinen Sauerstoff zu den Zellen, denn bei Insekten erfolgt der Gasaustausch durch die Tracheenatmung.

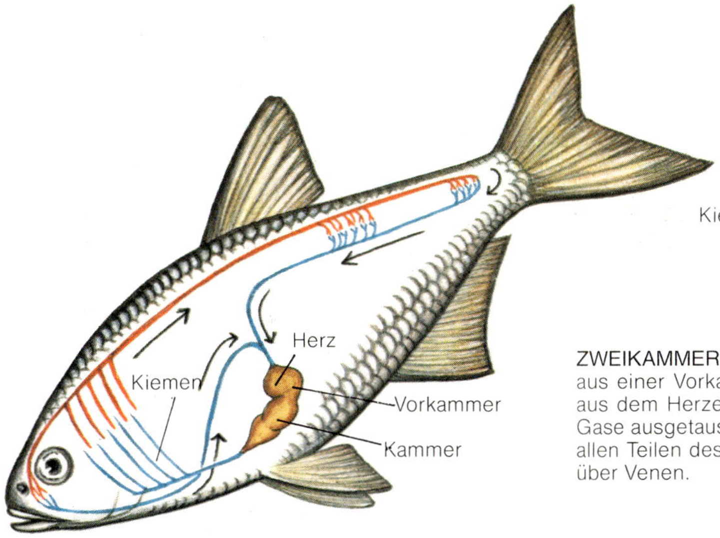

GÜSTER

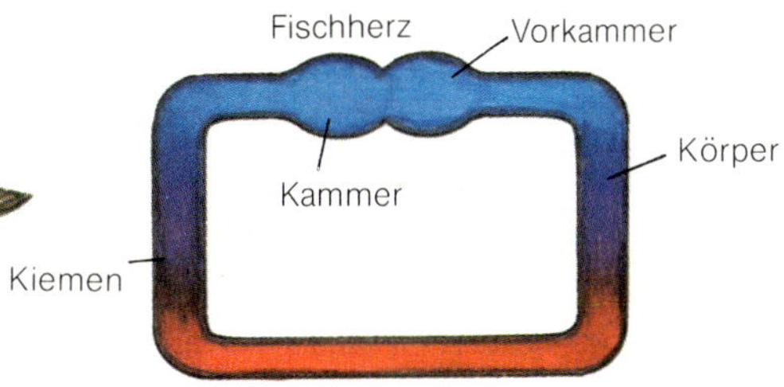

ZWEIKAMMERIGES HERZ Bei den Fischen besteht das Herz aus einer Vorkammer und einer Kammer. Nachdem das Blut aus dem Herzen gepumpt ist, strömt es zu den Kiemen, wo Gase ausgetauscht werden. Aus den Kiemen fließt das Blut zu allen Teilen des Körpers. Die Rückleitung zum Herzen erfolgt über Venen.

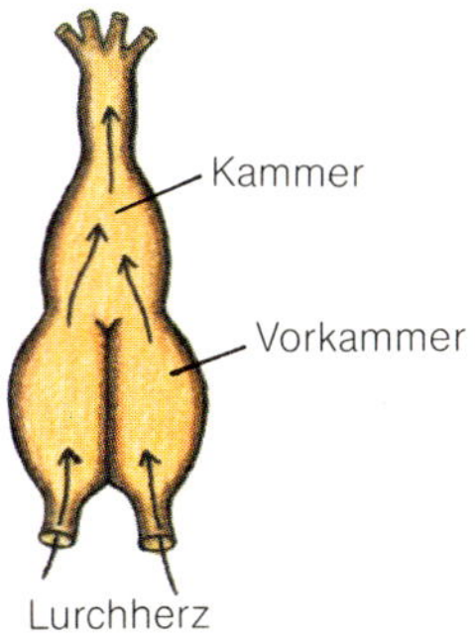

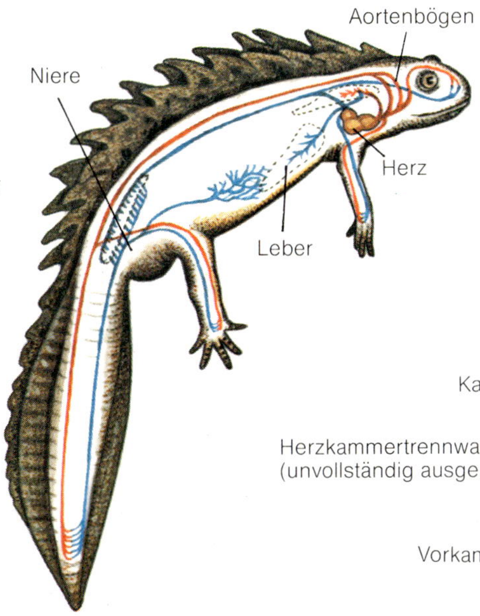

KAMMOLCH

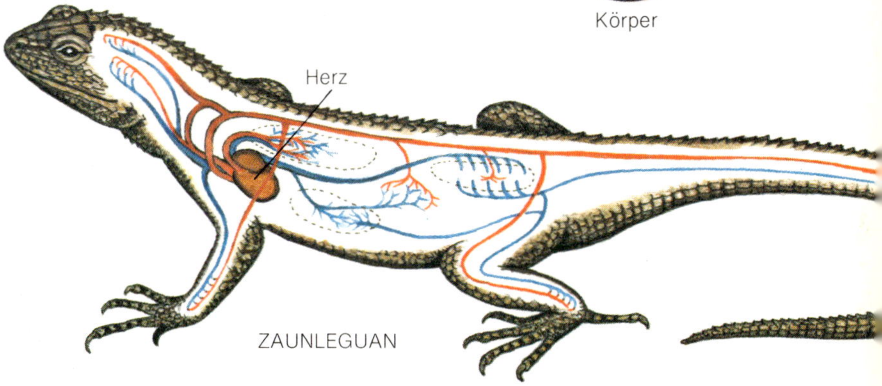

ZAUNLEGUAN

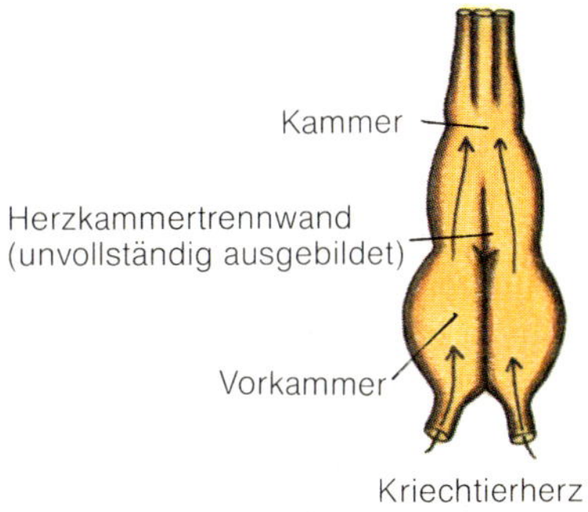

DREIKAMMERIGES HERZ Bei vielen Lurchen und Kriechtieren hat das Herz drei Kammern. Bei beiden Tierarten ist die rechte Vorkammer durch eine Muskelwand gänzlich von der linken Vorkammer getrennt. Die Herzkammer ist bei den Lurchen ungeteilt, bei den meisten Kriechtieren ist eine unvollkommen ausgebildete Kammertrennwand vorhanden. Wenn die Kammer Blut pumpt, strömt ein Teil davon zu den Lungen und der Rest zu allen übrigen Zellen im Körper.

PAPAGEITAUCHER

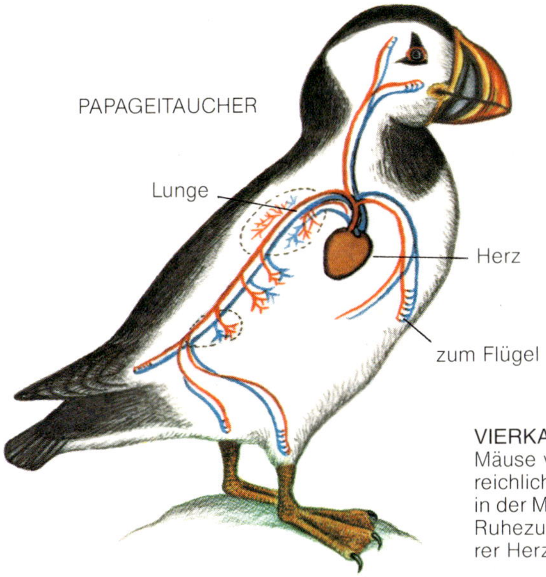

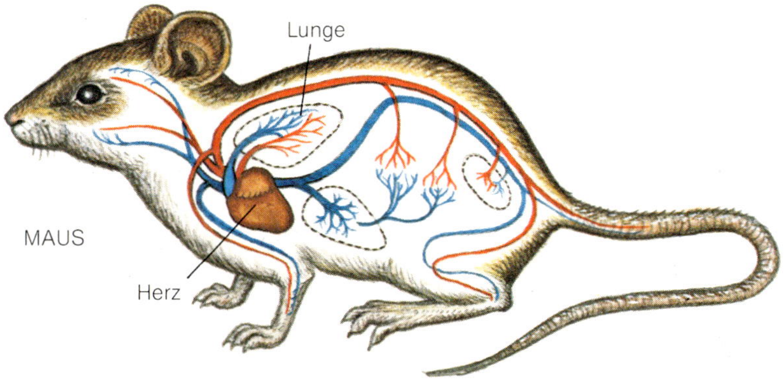

MAUS

VIERKAMMERIGES HERZ Wie das Herz der Menschen und der Giraffen ist das der Vögel und der Mäuse vierkammerig. Da Vögel zum Fliegen soviel Energie benötigen, werden ihre Flügel besonders reichlich mit Blut versorgt. Bei großen Vögeln, zum Beispiel Truthühnern, schlägt das Herz etwa 100mal in der Minute, bei kleinen aktiven Vögeln kann es 500mal in der Minute schlagen. Unser Herz schlägt im Ruhezustand rund 72mal in der Minute, aber wenn wir uns sportlich betätigen, nimmt die Anzahl unserer Herzschläge zu, und den Muskeln wird mehr sauerstoffreiches Blut zugeführt.

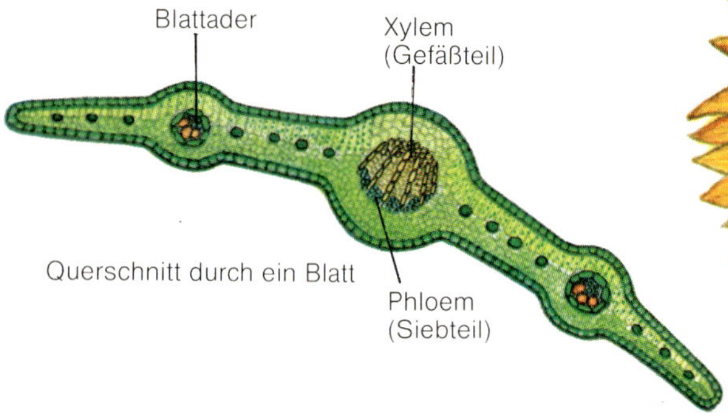

Querschnitt durch ein Blatt

BLÄTTER Aus Bündeln von Xylem- und Phloemzellen setzen sich die Blattadern zusammen, die die Blattspreite durchziehen. Wasser, das die Blattzellen benötigen, wird aus dem Gefäßteil in die Adern gezogen.

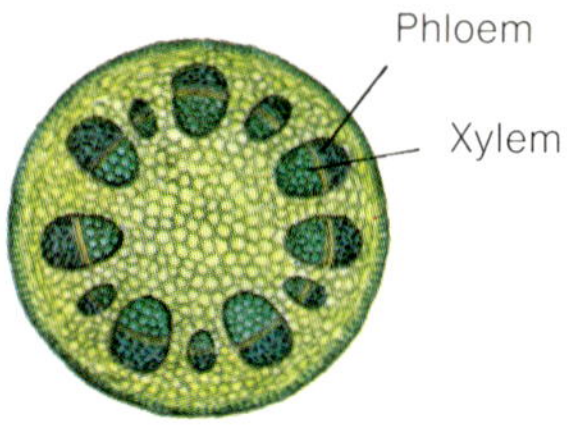

Querschnitt durch einen Stengel

STENGEL Röhrenartig angeordnete Xylem- und Phloemzellen bilden Leitungsbahnen im Stengel, durch die die Blätter mit den Wurzeln in Verbindung stehen.

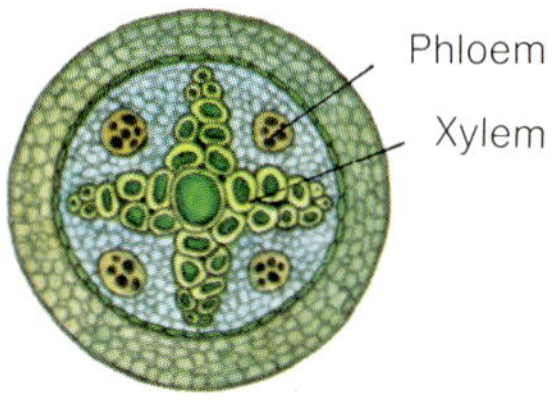

Querschnitt durch eine Wurzel

WURZELN Winzige Wurzelhaarzellen nehmen Wasser und Mineralstoffe aus dem Boden auf. Xylemzellen in der Mitte der Wurzel leiten Wasser und Mineralstoffe in den Stengel. An der Wurzelspitze befinden sich Zellen, die sich schnell teilen und wegen ihres Energiebedarfs Nahrung benötigen. Phloemzellen versorgen die Wurzeln mit Nahrung.

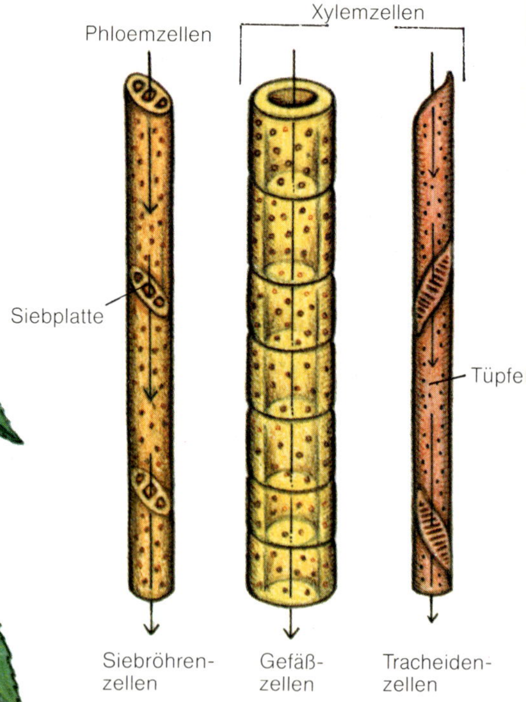

Tracheiden und Gefäße bilden das wasserleitende Gewebe des Xylems. Siebröhrenzellen sind die wichtigsten Phloemzellen. Xylemzellen wie Phloemzellen besitzen Öffnungen, durch die Nahrung und Wasser rasch von Zelle zu Zelle gelangen können.

SONNENBLUME

STOFFTRANSPORT IN PFLANZEN
In Pflanzen leitet das Xylem, der Gefäß- oder Holzteil, Wasser und Mineralstoffe von den Wurzeln zu den Blättern. Zucker und andere Nährstoffe gelangen durch Phloemzellen (Siebteil) von den Blättern zu den übrigen Teilen der Pflanze.

Stoffleitung in der Pflanze

Pflanzen besitzen zwei spezialisierte Systeme für den Stofftransport. Man bezeichnet sie als Xylem (Gefäß- oder Holzteil) und Phloem (Siebteil). Beide setzen sich aus übereinanderstehenden Zellen zusammen und bilden röhrenförmige Leitungsbahnen, von denen die ganze Pflanze durchzogen ist. Im Xylem gelangen Wasser und darin gelöste Mineralstoffe von den Wurzeln in den Stengel und in die Blätter. Im Phloem gelangen die in den Blättern produzierten Nährstoffe zu den übrigen Teilen der Pflanze.

Umlauf von Wasser und Mineralstoffen

Das Xylem hat zweierlei wasserleitende Zellelemente. Die Tracheiden sind lange Einzelzellen mit zugespitzten Enden. Die Gefäße sind Röhren aus vielen kürzeren und im Durchmesser weiteren Zellen. Während diese Xylemzellen wachsen, verdicken sich ihre Wände. Dann sterben die Zellen ab, und übrig bleiben die dicken Zellwände als geschlossenes Röhrensystem in der Pflanze. Durch Öffnungen in den Zellwänden können Wasser und Mineralstoffe von einer Xylemzelle zur anderen gelangen.

Blattzellen verbrauchen während der Photosynthese etwas Wasser. Aber über 95 Prozent des von Pflanzenwurzeln aufgenommenen Wassers verdunsten durch die Spaltöffnungen. Diese dampfförmige Wasserabgabe, Transpiration genannt, erzeugt eine Saugkraft, die dazu beiträgt, daß weiteres Wasser in der Pflanze aufsteigt.

Nährstofftransport

Zucker und andere in den Blättern produzierte Nährstoffe werden von den Phloemzellen, den Zellen des Siebteils, zu den übrigen Teilen der Pflanze befördert. Die wichtigsten Phloemzellen sind die langen, engen, dünnwandigen Siebröhrenglieder. Sie stehen übereinander und bilden die Siebröhren im Stengel. Durch die Poren der Siebplatten in ihren Wänden wird Nahrung von Zelle zu Zelle weitergegeben. Im Gegensatz zu den Xylemzellen sind Phloemzellen lebendige Zellen.

Holz- und Siebteil bei Bäumen

Viele Pflanzen überdauern nur eine Wachstumsperiode, manche Bäume jedoch werden mehrere tausend Jahre alt. Jedes Jahr entstehen im wachsenden Baum neue Xylem- und Phloemzellen. Sie entwickeln sich aus dem Leitbündelkambium, einer Schicht von Zellen zwischen dem Xylem und dem Phloem. Nach innen erzeugt das Kambium neue Xylemzellen, nach außen neue Phloemzellen.

Xylemzellen und Phloemzellen wachsen in Ringen. Im Frühjahr entstehen weite Xylemzellen und im Sommer enge. Den im Sommer gebildeten Xylemzellen bleibt nicht viel Zeit für ihr Wachstum, denn wenn der Winter kommt, hört alles Wachstum auf. In der nächsten Wachstumsperiode bilden sich neue Ringe großer und kleiner Xylemzellen. Durch Auszählen dieser Jahresringe am Stammquerschnitt läßt sich das Alter des Baumes ermitteln. Mit Phloemzellen geht das nicht so gut, weil sie nie groß und dick werden.

Fast der ganze Stamm eines Baumes besteht aus abgestorbenen Xylemzellen, dem Holzteil. In sehr alten Bäumen wird das innerste Holz mit gummiartigen Substanzen durchsetzt. Dieses Holz bezeichnet man als Kernholz. Xylemzellen, die weiterhin dem Transport von Wasser und Mineralstoffen dienen, nennt man Splintholz.

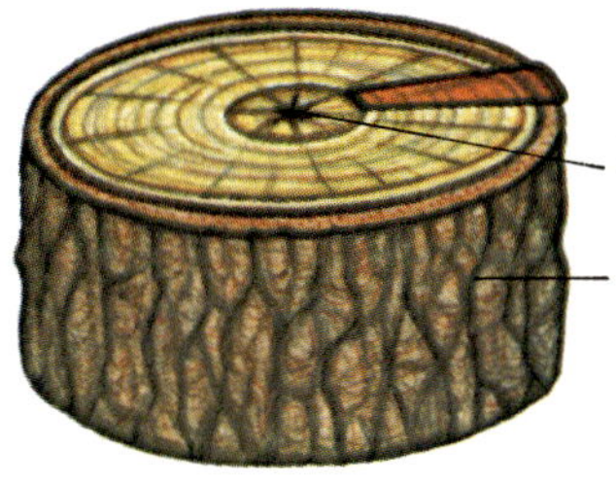

JÄHRLICHER ZUWACHS Bei einem lebenden Baum entstehen in jedem Jahr neue Ringe von Xylem- und Phloemzellen. Aus diesen Jahresringen ist vieles zu ersehen. Durch Auszählen der Ringe von abgestorbenen Xylemzellen kann man das Alter des Baumes ermitteln. Dicke Ringe kennzeichnen gute Wachstumsperioden, dünne Ringe schlechte.

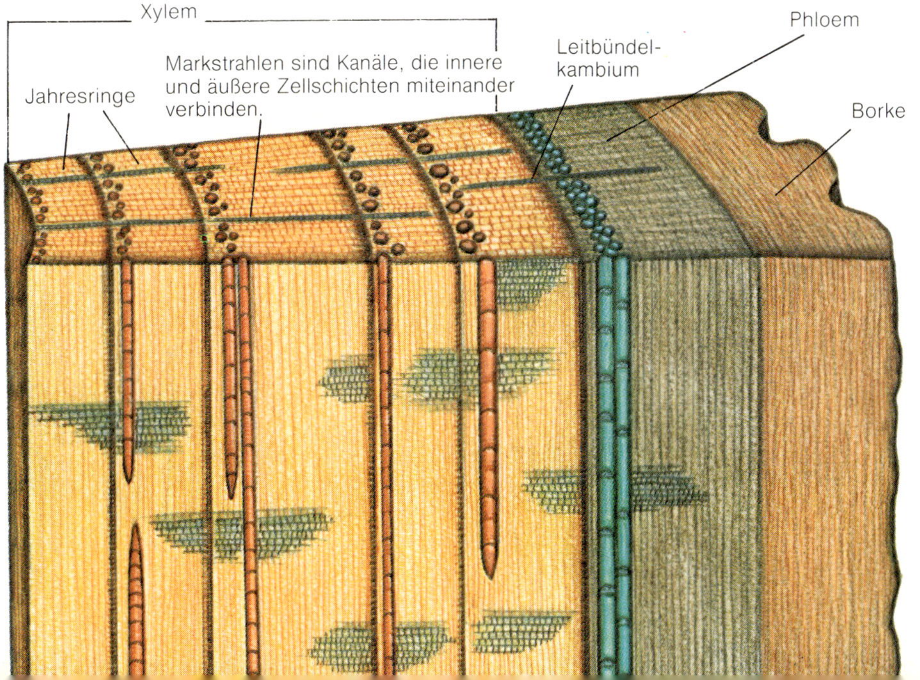

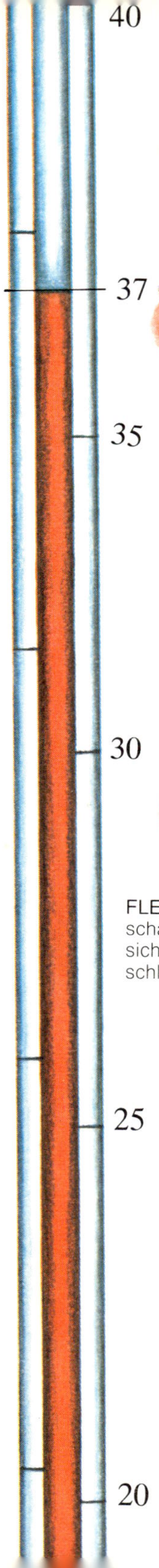

MEISE Vögel plustern ihre Federn auf, um Wärme festzuhalten.

FLEDERMAUS Fledermäuse verschaffen sich Kühlung, indem sie sich lecken und mit den Flügeln schlagen.

LEGUAN Nach einer kalten Nacht sonnen sich Echsen.

WÜSTENKÄRPFLING Wüstenkärpflinge können in heißen Wüstentümpeln leben.

ROBBE, WAL Dicke Fettschichten verringern den Wärmeverlust.

SCHWARZBÄR Bären halten in den kalten Wintermonaten Winterruhe.

SCHILDKRÖTEN Schildkröten sonnen sich, um sich zu erwärmen.

HONIGBIENE Durch die körperliche Bewegung der Bienen bleibt es im Stock warm.

THUNFISCH Thunfische halten die Temperatur ihrer Muskulatur hoch.

WÜSTENLEGUAN Um der Mittagshitze zu entgehen, sucht der Wüstenleguan den Schatten auf.

OPOSSUM IM SOMMER Opossums hecheln und schwitzen, damit ihr Körper sich nicht überhitzt.

KÄFER Wenn Insekten fliegen, erzeugen ihre Muskeln Wärme.

Körpertemperaturen bei Tieren und Pflanzen

Das Thermometer links zeigt die normale Körpertemperatur des Menschen. Bei allen Tieren oberhalb der 37-Grad-Marke liegt die Körpertemperatur höher als beim Menschen, bei allen Pflanzen und Tieren unterhalb der 37-Grad-Marke liegt sie niedriger. Pflanzen und Tiere versuchen, ihre Körpertemperatur annähernd bei den Werten konstant zu halten, die die Abbildung zeigt.

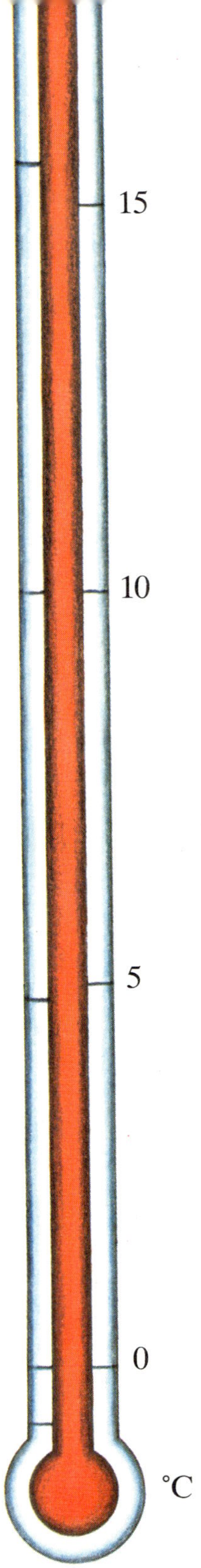

RATTENSCHLANGE Um sich Kühlung zu verschaffen, atmen Schlangen schneller.

BLAURÜCKENLACHS Wenn die Wassertemperatur zu hoch ist, schwimmen diese Fische in größere Tiefen, wo es kühler ist.

LAUBBÄUME Den Winter über sind die meisten Bäume inaktiv.

FORELLE Bei Fischen geht Körperwärme in den Kiemen an das Wasser verloren.

OPOSSUM IM WINTER Opossums halten Winterschlaf.

NADELHÖLZER Diese Pflanzen führen auch bei Kälte die Photosynthese durch.

FLECHTEN UND ALGEN Algen können sehr tiefe Temperaturen ertragen. Manche Flechten besiedeln kalte, trockene Felsen.

Wie wir Menschen können viele Tiere ihre Körpertemperatur so regulieren, daß sie konstant bleibt. Diese warmblütigen Tiere oder Warmblüter (hier vor rotem Hintergrund) erzeugen den größten Teil ihrer Körperwärme während der Atmung. Haarkleid, Federkleid und Fettschichten beugen Wärmeverlusten vor. Auch durch Verengung der Blutgefäße der Haut verringert sich bei Warmblütern die Wärmeabgabe. Wenn es draußen kalt wird, suchen diese Tiere Unterschlupfe auf und kauern sich zusammen. Die ständige Produktion von Wärme verbraucht viel Energie.

An sehr warmen Tagen kann bei Warmblütern die Körpertemperatur zu hoch werden. Sie suchen dann kühle Orte auf und schwitzen und hecheln, um überschüssige Körperwärme abzuführen.

Die meisten Fische, Insekten, Kriechtiere und Lurche können ihre Körpertemperatur nicht steuern. Bei ihnen geht ständig Körperwärme an die Umgebung verloren. Da diese Tiere (hier vor blauem Hintergrund) Wärme von der Sonne, vom Boden, aus der Luft oder aus dem Wasser beziehen müssen, werden sie als wechselwarm bezeichnet. Wenn es kalt wird, sinkt ihre Körpertemperatur, an warmen Tagen steigt sie.

Fast alle Pflanzen nehmen Wärme von der Sonne und der Erde auf. In kalten Klimaten treten die meisten Bäume im Winter gewöhnlich in eine Ruhezeit ein. Immergrüne Pflanzen indes können selbst bei tiefen Temperaturen die Photosynthese durchführen.

Die Innentemperatur einer lebenden Zelle darf nicht unter den Gefrierpunkt des Wassers in der Zelle sinken. Wenn sich Eis bildet, platzen Zellen. Am oberen Ende der Skala ist es so, daß die meisten Tiere zugrunde gehen, wenn ihre Körpertemperatur 50 °C überschreitet. Bei dieser Temperatur werden Enzyme zerstört und die Atmung kann nicht mehr stattfinden.

Ausscheidung von Abfallstoffen

Tierische Zellen und Gewebe produzieren ständig chemische Abfallstoffe, die sie vergiften würden, wenn sie sie nicht ausschieden. Das während der Atmung entstehende Kohlendioxid wird durch Lungen, Kiemen, Tracheenröhren und Haut abgegeben. Nach Abschluß der Verdauung werden unverdauliche Nahrungsteile als feste Abbauprodukte durch den After ausgeschieden. Stickstoffhaltige Abbauprodukte gelangen bei vielen Tieren in einer Flüssigkeit, dem Urin, aus dem Körper.

Stickstoffhaltige Ausscheidungsstoffe

Stickstoffhaltige Ausscheidungsstoffe entstehen aus Aminosäuren, den Bausteinen der Proteine. Die von Tieren aufgenommene Nahrung enthält meist viel mehr Aminosäuren, als ihre Zellen benötigen. Da Tiere diese Aminosäuren nicht speichern können, wandeln sie sie in der Leber in speicherbare Stoffe wie Glukose und Fette um. Aber bei dieser Umwandlung entsteht giftiges Ammoniak. Ammoniak enthält Stickstoff- und Wasserstoffatome, die von den Aminosäuren stammen. Ammoniak ist für Zellen so schädlich, daß es unverzüglich in einen weniger giftigen Abbaustoff umgewandelt werden muß. Bei manchen Tieren wie z. B. Vögeln und Kriechtieren baut die Leber aus Ammoniak Harnsäure auf. Bei vielen anderen Tieren, auch beim Menschen, verarbeitet die Leber Ammoniak zu Harnstoff und gibt ihn an den Blutstrom ab. Harnstoff muß aus dem Blut entfernt werden, ehe sich zuviel davon ansammelt und Zellen vergiftet. Die Ausscheidung des Harnstoffs besorgen die Nieren.

Die Nieren

Die Nieren sind zwei Organe, die sich aus winzigen Filtereinheiten zusammensetzen, den Nephronen. Jede unserer Nieren hat ungefähr eine Million Nephronen. Nephrone produzieren Urin, ein Gemisch aus Wasser, Harnstoff und kleinen Mengen von Mineralstoffen, Salzen, Aminosäuren und anderen Substanzen.

Harnstoff transportierendes Blut gelangt durch die großen Nierenarterien in die Nieren. In den Nieren teilen sich diese Arterien in kleinere Arterien. Jede kleine Arterie endet in einem Knäuel von Kapillaren, das man als Glomerulus bezeichnet.

Das Blut passiert jeden Glomerulus unter hohem Druck. Der Druck reicht aus, um Wasser, Abfallstoffe, Glukose, Salze und Aminosäuren aus den Kapillaren und in die winzigen Nierenkanälchen zu treiben. Blutzellen und große Proteine bleiben jedoch in den Kapillaren zurück.

Die aus dem Blut ausgepreßte Flüssigkeit nimmt ihren Weg durch die Schlingen in den Nierenkanälchen (vgl. die Abb. S. 43). Dabei werden über 99 Prozent des Wassers in den Blutkreislauf zurückgeführt. Überschüssiges, nicht benötigtes Wasser verbleibt in den Kanälchen. Auch alle Salze, die Glukose und die Aminosäuren, die der Körper benötigt, werden in das Blut zurückgeführt. Was der Körper nicht braucht, bleibt in den Kanälchen. Der Harnstoff, der nicht in den Blutstrom zurückgelangen kann, verbleibt im Urin, der Flüssigkeit in den Nephronen.

Sammelröhrchen leiten den Urin mitten hinein in jede

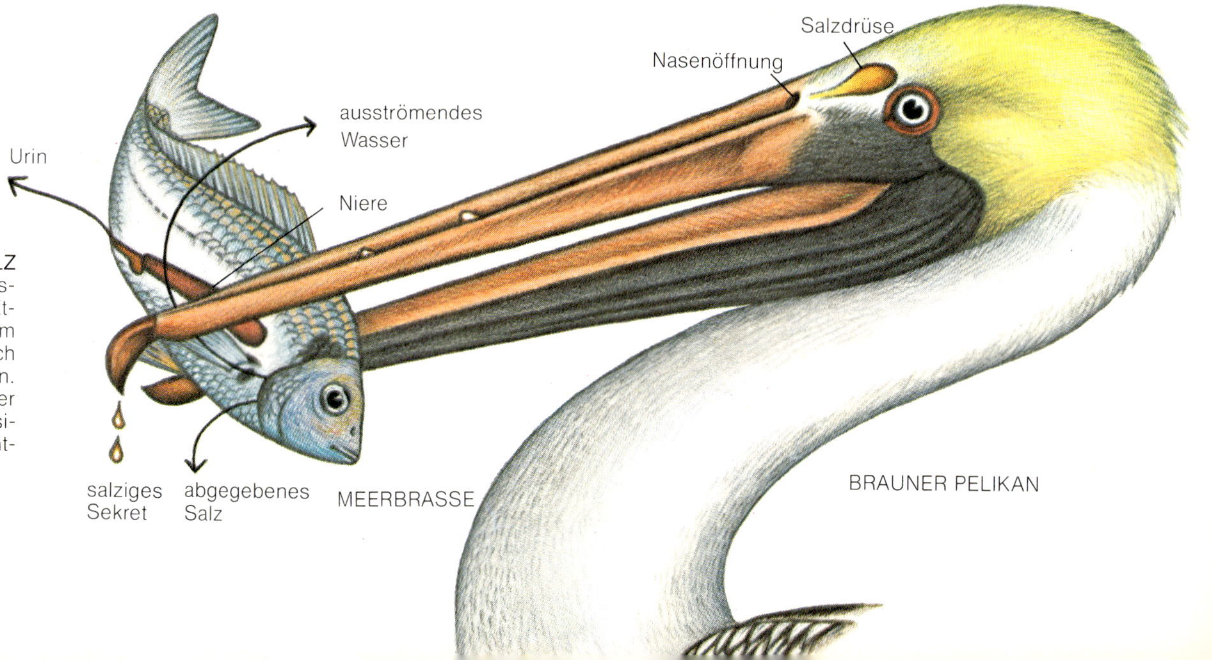

DAS AUSSCHEIDEN VON SALZ Meeresfische nehmen Meerwasser auf, das viel Salz enthält. Etwas Salz scheiden sie mit dem Urin aus, den größten Teil jedoch durch besondere Kiemenzellen. Meeresvögel haben oberhalb der Augen Drüsen, die überschüssiges Salz aus ihrem Körper entfernen.

Niere. Von jeder Niere gelangt Urin durch einen großen Schlauch, den Harnleiter, in die Harnblase. Die Harnblase sammelt den Urin und gibt ihn schließlich durch ihren Ausführungsgang, die Harnröhre, nach außen ab.

Die Harnsäure

Tieren, die Urin bilden, geht immer etwas Wasser aus dem Körper verloren. Vögel, Insekten, Kriechtiere und Landschnecken wandeln ihre stickstoffhaltigen Abbauprodukte nicht in Harnstoff um, sondern in Harnsäure. Da Harnsäure ein fester Stoff ist, entsteht diesen Tieren kein Wasserverlust, wenn sie diesen stickstoffhaltigen Ausscheidungsstoff nach außen abgeben.

Salz- und Wasserbalance

Wasser macht bei den meisten Tieren über zwei Drittel ihres Körpergewichts aus. Wasser findet sich in Zellen, zwischen Zellen und im flüssigen Bestandteil des Blutes. Die Flüssigkeit innerhalb und außerhalb von Zellen ist an den vielen chemischen Reaktionen beteiligt, die in Lebewesen ablaufen. In dieser Flüssigkeit sind Salze und Mineralstoffe gelöst.

Tierische Zellen benötigen Salze und Mineralstoffe sowohl in ihrem Inneren als auch in der sie umspülenden Flüssigkeit (Außenmedium). Die Salz- und die Wassermenge in Körperflüssigkeiten müssen genau reguliert werden. Wenn das Innere von Zellen zuviel Salz enthält, strömt Wasser in sie hinein, um die Salzmenge auszugleichen. Dieses zusätzliche Wasser kann Zellen zum Platzen bringen. Wenn das Außenmedium von Zellen zuviel Salz enthält, kann dies zum Abfließen von Wasser aus den Zellen führen. Wenn Zellen zuviel Wasser verlieren, schrumpfen sie. Die Nieren helfen Salzgehalte dadurch regulieren, daß sie die überschüssigen Mengen ausscheiden, mit denen der Körper nichts anfangen kann.

FESTE STICKSTOFFHALTIGE AUSSCHEIDUNGSSTOFFE Kriechtiere wie diese Strumpfbandnatter wandeln ihre stickstoffhaltigen Abbaustoffe in Harnsäure um. Da Harnsäure eine feste Substanz ist, geht dem Körper bei ihrer Ausscheidung kein Wasser verloren. Harnsäure wird von der Kloake ausgeschieden, dem Endabschnitt des Darmes, in den auch die unverdaulichen Nahrungsreste und Stoffe von Fortpflanzungsorganen gelangen.

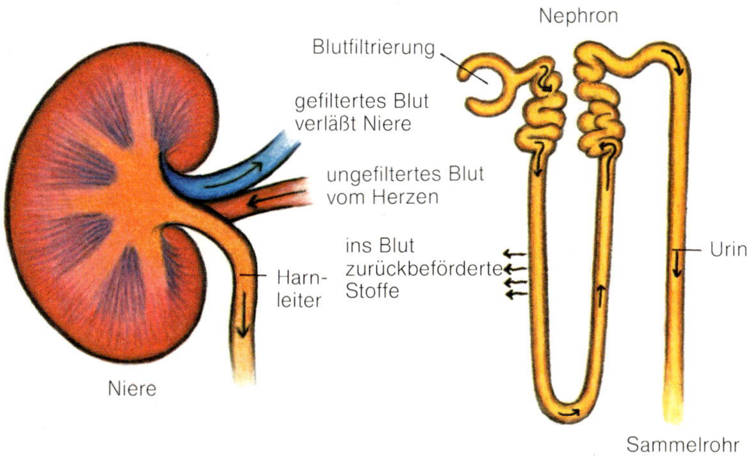

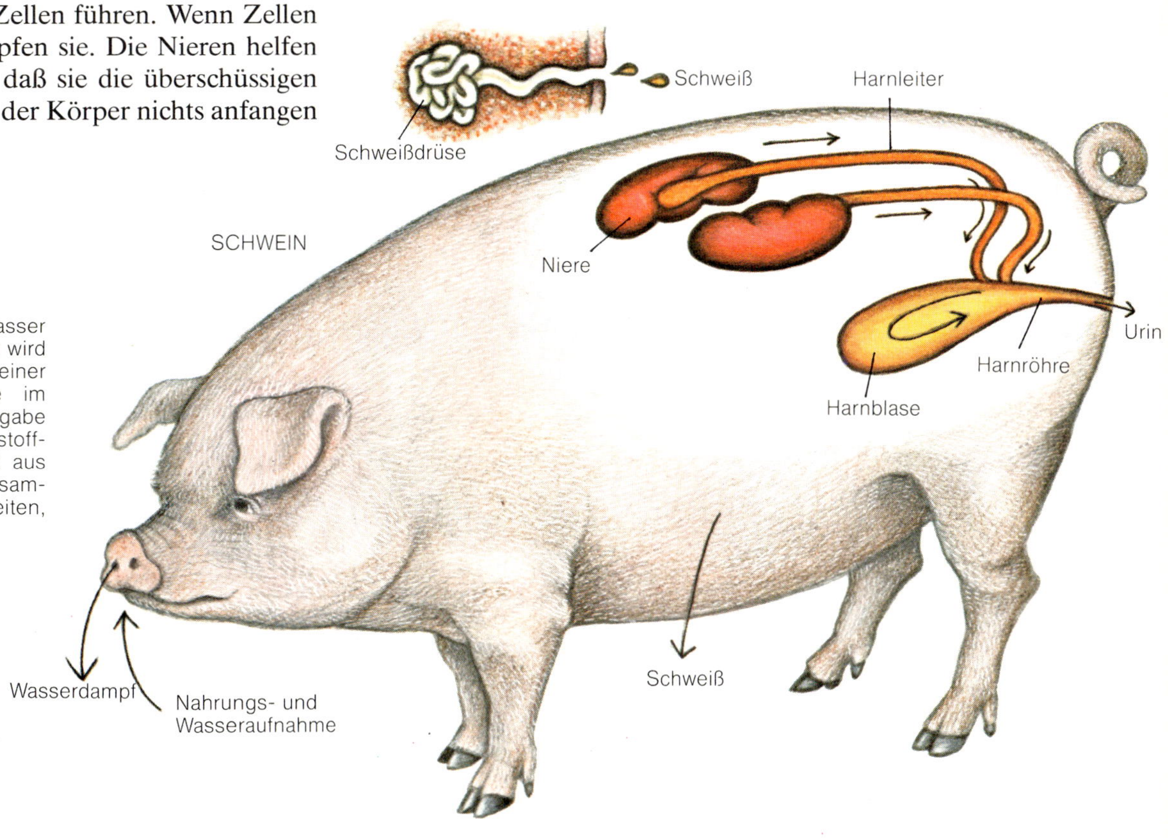

WASSERVERLUSTE Tiere nehmen Wasser auf, wenn sie fressen und trinken, doch wird das Wasser ständig im Kot und Urin (einer Flüssigkeit aus den Nieren) sowie im Schweiß abgegeben. Diese Wasserabgabe befreit den Körper von schädlichen stickstoffhaltigen Abbaustoffen. Jede Niere ist aus Hunderttausenden von Nephronen zusammengesetzt, das sind winzige Filtereinheiten, die den Urin produzieren.

WASSER SPEICHERN Wüstenpflanzen leben unter Bedingungen, unter denen andere Pflanzen nicht leben könnten. Manche wie z. B. Kakteen und Palmlilien speichern Wasser in ihren Stengeln. Fetthenne und Aloëgewächse speichern Wasser in ihren Blättern, und die „Königin der Nacht" speichert Wasser unterirdisch. Viele Wüstenbäume, darunter Mesquite und Akazie, haben tief in den Boden hinabreichende Wurzeln, die dort unten Wasservorkommen anzapfen. Bei Kakteen breiten sich die Wurzeln dicht unter der Bodenoberfläche aus und saugen Wasser auf, wenn es regnet.

Viele Fische und Meeresvögel nehmen salziges Meerwasser auf. In Salzwasser lebende Fische besitzen besondere Kiemenzellen, die an der Ausscheidung dieses ganzen Salzes beteiligt sind. Möwen, Pelikane, Pinguine und Albatrosse haben oberhalb der Augen spezielle Drüsen, die überschüssiges Salz aus dem Körper entfernen. Diese salzige Flüssigkeit fließt durch die Nasenhöhle und tritt aus den Nasenlöchern aus.

Schweißdrüsen

Tiere mit Schweißdrüsen verlieren beim Schwitzen sowohl Salz als auch Wasser. Schweißdrüsen liegen gewöhnlich in der Lederhaut (Korium), der dicken unteren Schicht der Haut. Schweißdrüsen sind knäuelförmig. Jede Schweißdrüse besitzt einen Ausführungsgang, der durch die Oberhaut (Epidermis) verläuft und an der Körperoberfläche mündet.

In der Lederhaut finden sich dicht bei dem aufgeknäuelten Teil jeder Schweißdrüse Kapillaren. Während das Blut durch die Kapillaren fließt, werden Wasser und Salz von der Schweißdrüse absorbiert. Diese salzige Flüssigkeit füllt den Ausführungsgang, bis sie als Schweiß an der Haut ausgeschieden wird.

Schweiß verdunstet auf der Haut und wirkt kühlend. Bei regen Tieren weiten sich die Blutgefäße unter der Haut, so daß mehr Blut in die Nähe der Körperoberfläche gelangt. Tiere kühlen ab, indem sie Wärme abgeben und mehr schwitzen.

Ersetzen von Wasserverlusten

Mit ihren Abfallstoffen scheiden Tiere Wasser aus dem Körper aus. Das meiste Wasser verläßt den Tierkörper im Urin und im Schweiß, aber etwas Wasser verdunstet, wenn in den Lungen Gase ausgetauscht werden. Etwas Wasser geht auch durch die Kotabgabe verloren.

Auch Pflanzen verlieren ständig Wasser. Fast alles Wasser, das Pflanzen durch ihre Wurzeln aufnehmen, wird durch die Spaltöffnungen an die Luft abgegeben.

Pflanzen und Tiere müssen ihre Wasserverluste ausgleichen. Pflanzenwurzeln wachsen unaufhörlich und schieben sich durch das Erdreich zum Bodenwasser hin. Trockene Luft führt zu beschleunigtem Wasserverlust. Bei Lufttrokkenheit schließen sich die Schließzellen an den Spaltöffnungen und verhüten dadurch weitere Wasserverluste.

Die meisten Tiere leben an Orten, wo sie genug Wasser finden. Sie trinken Wasser und verzehren wasserhaltige Nahrung. Viele Tiere produzieren trockene stickstoffhaltige Ausscheidungsstoffe oder trockene Verdauungsrückstände, wodurch sich ihr täglicher Wasserverlust verringert.

Wassermangel

In manchen Gebieten der Erde, zum Beispiel in den Wüsten, ist Wasser sehr schwer zu finden. Wüstenpflanzen und Wüstentiere haben sich auf unterschiedliche Weise an das Leben in Hitze und Trockenheit angepaßt. Viele Wüstenpflanzen besitzen Wurzeln, die dicht unter der Erdoberfläche liegen und Wasser aufsaugen, wenn es regnet. Andere Pflanzen zapfen mit sehr tief hinabreichenden Wurzeln Grundwasser an.

Kaktuspflanzen speichern Wasser in ihren Stämmen. Anstelle von Blättern haben Kakteen Dornen, die den Wasserverlust verringern und durstige Tiere fernhalten. Da Kakteen keine Blätter besitzen, nehmen sie das für die Photosynthese benötigte Kohlendioxid durch die Stomata an ihren Stämmen auf. Manche Kakteen öffnen ihre Stomata nur des Nachts, wenn die Luft Feuchtigkeit enthält. Diese Pflanzen nehmen Kohlendioxid auf, speichern es bis zum nächsten Tag und verwenden es dann für die Photosynthese.

Wüstenpflanzen wie die Palmlilie (Yucca) besitzen fleischige Blätter mit besonderen Innengeweben, die Wasser speichern. Viele Wüstensträucher haben Blätter, obwohl sie trockene Standorte besiedeln. Aber diese Pflanzen verlieren in Zeiten großer Trockenheit so viel Wasser durch ihre Blätter, daß die Blätter allesamt absterben. Erst nachdem es geregnet hat, können diese Sträucher wieder Blätter bilden.

Wie Wüstenpflanzen müssen auch Wüstentiere mit Wasser sparsam haushalten. Viele Tiere verbringen den heißen Tag in unterirdischen Unterschlupfen und kommen nur in der kühleren Nacht hervor. Andere Tiere verschlafen den Tag an schattigen Stellen bei Felsen und Sträuchern. Der Elfenkauz bleibt tagsüber im Saguaro-Kaktus, wo es das Tier viel kühler hat als draußen.

Manche Tiere müssen das Wasser größtenteils der gefressenen Nahrung entnehmen. Taschenspringer trinken so gut wie nie, kommen indes mit dem wenigen Wasser aus, das während der Atmung (S. 27) in jeder Zelle ihres Körpers gebildet wird. Die Tiere besitzen keine Schweißdrüsen, und ihr Kot enthält nur sehr wenig Wasser.

Die Regulierung des Salz- und des Wasserhaushalts ist nur eine der Aktivitäten, die der Organismus steuern muß. Auch viele andere Aktivitäten werden gesteuert — manche durch besondere Wirkstoffe, die Hormone, andere durch Muskeln und Nerven.

Das Weibchen des Monarchfalters setzt seine Eier an den Blättern der Seidenpflanze ab. Aus jedem Ei schlüpft eine Raupe. Die Raupe ernährt sich von Blättern, wächst und häutet sich mehrmals. Die verpuppungsreife Raupe hängt an einem Gespinstfleck frei mit dem Kopf nach unten.

Chemische Regulatoren

Seit unserer Babyzeit haben wir viele Veränderungen durchgemacht. Bei den meisten Tieren verändern sich ihre Größe und Gestalt, während sie heranwachsen. Viele dieser Veränderungen werden durch chemische Substanzen reguliert, die man als Hormone bezeichnet. Hormone bringen chemische Instruktionen von einem Teil des Tierkörpers zu einem anderen.

Hormone werden von Zellverbänden in Drüsen gebildet. Manche Drüsen haben Ausführungsgänge für die Ausleitung der chemischen Stoffe, die sie bilden. Andere Drüsen haben keine Ausführungsgänge, sondern geben Hormone direkt an den Blutstrom ab, mit dem die Stoffe dann zu verschiedenen Teilen des Körpers gelangen. Wenn Hormone ihren Wirkort erreicht haben, lösen sie dort Veränderungen aus. Zu den erstaunlichsten Veränderungen durch Hormone gehören diejenigen bei der Verwandlung der Raupe in den Schmetterling.

Häutungen

Monarchfalter legen ihre Eier an die Blätter der Seidenpflanze ab. Aus jedem Ei kriecht eine winzige wurmartige Larve, die man Raupe nennt. Sie hat Hunger und frißt ihre eigene Hülle. Raupen besitzen Mundwerkzeuge zum Kauen von Blättern und anderen Pflanzenteilen. Sie fressen sehr viel und beginnen zu wachsen.

Raupen stecken in einer festen Außenhaut, die nur begrenzt dehnbar ist. Wenn sie rasch wachsen, wird ihnen diese Haut zu eng. Sie müssen sie von Zeit zu Zeit abstreifen, damit sich eine neue, größere Haut bilden kann. Diesen Prozeß bezeichnet man als Häutung.

Die Häutung wird durch Hormone gesteuert, die in drei Paaren von Drüsen entstehen. Zwei dieser Drüsenpaare sind dem Gehirn der Raupe angeschlossen. Das dritte Paar liegt hinter dem Kopf des Insekts. Jedes Drüsenpaar erzeugt ein anderes Hormon — eines produziert Gehirnhormon, eines Larvalhormon und eines Häutungshormon.

Werden alle drei Hormone gebildet, so fährt die Raupe fort, sich zu häuten. Aber solange Larvalhormon erzeugt wird, kann aus der Raupe kein Schmetterling werden.

Von der Raupe zum Schmetterling

Nach der letzten Häutung hört die Produktion von Larvalhormon auf. Nun tritt eine phantastische Verwandlung ein, die vom Häutungshormon reguliert wird. Die vollentwickelte Raupe erzeugt einen Gespinstfleck aus Seide, mit dem sie sich an einer Pflanze verankert. Während sie so mit dem Kopf nach unten hängt, platzt ihre Haut auf. In dem nun folgenden Ruhestadium (Puppe) frißt die Larve nicht und bewegt sich auch nicht.

Während des Puppenstadiums werden die Gewebe der Raupe abgebaut und als Rohstoffe zum Aufbau neuer Gewebe und Organe verwertet. Aus den Zellen der Raupe bilden sich die Flügel, Beine, Fühler und der Körper des Schmetterlings.

Zusammengefaltet erscheint in der nunmehr durchsichtigen Puppenhaut der neue Schmetterling. Wenn er diese Haut gesprengt hat, muß er zunächst Blut in die noch weichen, schlaffen Flügel pressen. Danach kann er davonfliegen und Blüten aufsuchen, deren Nektar er trinkt. Als Raupe hat er Blätter gefressen; das tut er jetzt nicht mehr. Der Mon-

METAMORPHOSE Wenn die Raupe an ihrem Gespinstfleck hängt, platzt ihre Haut und fällt ab. In dem Seidenkokon darunter ruht sie als Puppe, die weder frißt noch sich bewegt. Während dieses Puppenstadiums werden die Gewebe der Raupe abgebaut und dienen zur Bildung des Schmetterlingskörpers. Die Entwicklung vom Ei über die Raupe zum Schmetterling bezeichnet man als Metamorphose. Ausgelöst werden diese Veränderungen durch Hormone.

archfalter wird einen Paarungspartner finden, und dann beginnt der Zyklus von neuem. Die gesamte Umwandlung vom Ei in Larve, Puppe und Schmetterling nennt man Metamorphose. Auch Kaulquappen machen eine Metamorphose durch, wenn sie zu Fröschen werden (siehe S. 81).

Tierische Hormone

Tiere bilden viele verschiedene Hormone. Diese wichtigen chemischen Substanzen bewirken Steuerung und Koordination der Zelltätigkeit in fast allen Körperorganen. Für diese Aufgaben reichen schon sehr geringe Hormonmengen aus.

Das Hormon Insulin reguliert unseren Blutzuckerspiegel. Gebildet wird es in Zellinseln der Bauchspeicheldrüse, den Langerhansschen Inseln. Insulin ist ein Protein aus zwei miteinander verknüpften Ketten.

Nach jeder Nahrungsaufnahme tritt verdauter Zucker aus dem Dünndarm in den Blutstrom über. Auf das Ansteigen des Glukosespiegels im Blut hin produzieren die Zellinseln in der Bauchspeicheldrüse Insulin, das an das Blut abgegeben und durch den Körper befördert wird.

Insulin bewirkt bei den meisten Zellen, daß sie Zucker leichter aufnehmen und als Energie verwerten können. Insbesondere beeinflußt es die Leber- und Muskelzellen, indem es sie zur Umwandlung von Glukose in Glykogen veranlaßt. In tierischen Zellen ist Glykogen die Speicherform der Glukose.

Dadurch, daß das Insulin Zellen dazu anregt, Zucker aus dem Blut aufzunehmen und zu speichern, reguliert es den Zuckergehalt des Blutes. Wenn der Blutzuckerspiegel die

Nachdem der Schmetterling die durchsichtige Puppenhaut gesprengt hat, muß er Blut in die schlaffen Flügel pressen, damit sie sich strecken. Danach kann er fortfliegen, sich Nahrung suchen und sich paaren.

MONARCHFALTER

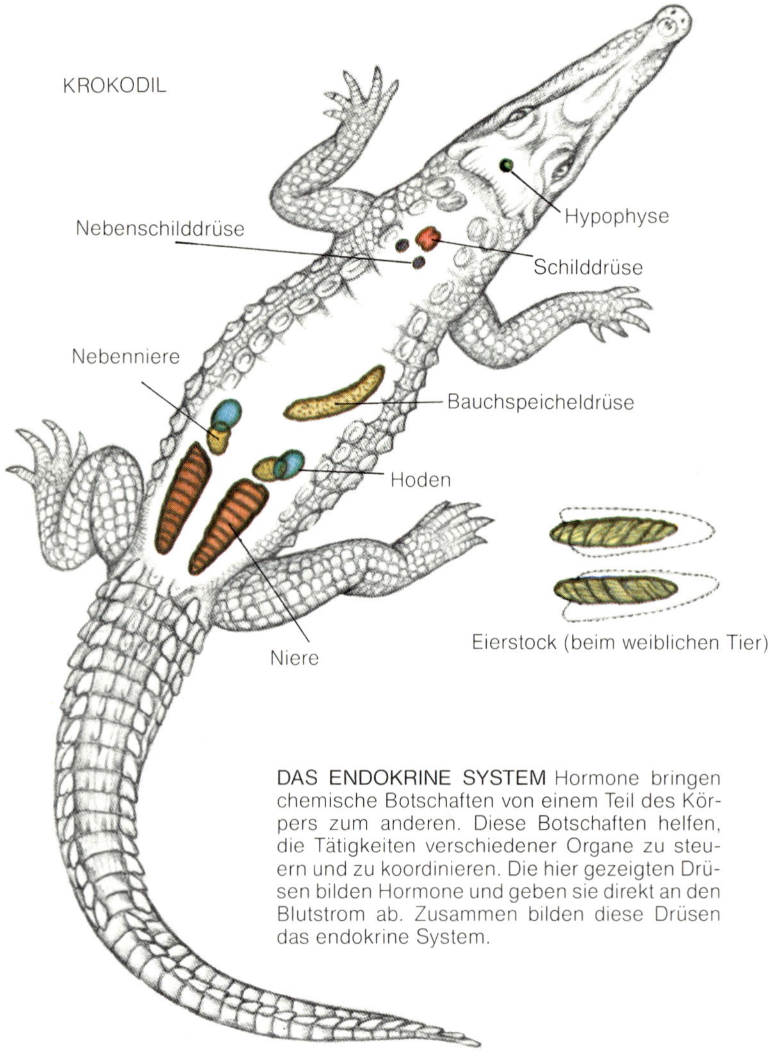

DAS ENDOKRINE SYSTEM Hormone bringen chemische Botschaften von einem Teil des Körpers zum anderen. Diese Botschaften helfen, die Tätigkeiten verschiedener Organe zu steuern und zu koordinieren. Die hier gezeigten Drüsen bilden Hormone und geben sie direkt an den Blutstrom ab. Zusammen bilden diese Drüsen das endokrine System.

richtige Höhe erreicht hat, beenden die Zellinseln die Insulinproduktion. Wie die meisten Hormone wird Insulin rasch abgebaut, nachdem es seine Aufgabe erfüllt hat.

Viele Drüsen erzeugen mehr als ein Hormon. Die Hypophyse, die in unserem Gehirn liegt, bildet so viele Hormone, daß man sie als die übergeordnete Drüse bezeichnen kann. Diese Hormone bewirken Veränderungen in vielen verschiedenen Organen. Einige Wirkungen der Hypophysenhormone sind unten auf dieser Seite zusammengestellt.

Pflanzenhormone

Pflanzen produzieren fünf Hauptgruppen von Hormonen. Diese chemischen Stoffe sorgen bei wachsenden Pflanzen dafür, daß sie sich dem Licht zuwenden, und steuern das Zellwachstum in Blättern, Stengeln und Wurzeln. Auch bewirken sie, daß Früchte reifen, Blüten sich entwickeln und im Herbst die Blätter abgeworfen werden. Hormone können eine verfrühte Samenbildung verhindern.

Pflanzen haben keine Drüsen. Vielmehr werden die Pflanzenhormone von wachsenden Zellen in Wurzeln, Stengeln und Blättern erzeugt. Einige Pflanzenhormone wandern durch den Stengel zu ihren Wirkorten in der Pflanze. Andere Hormone können nur in den Zellen wirksam werden, in denen sie entstehen.

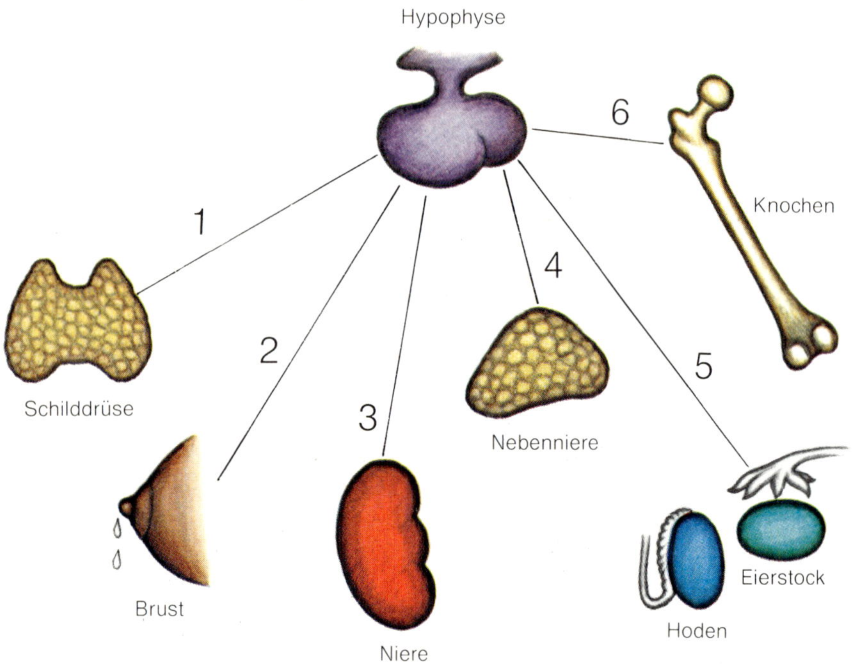

DIE HYPOPHYSE Da sie so viele verschiedene Hormone abgibt, wird die Hypophyse oft als die übergeordnete Drüse bezeichnet. Manche Hormone der Hypophyse gelangen zu anderen Drüsen und bewirken, daß diese Drüsen ihre Hormone bilden. Die übrigen Hypophysenhormone gelangen direkt zu Zellen, die sie benötigen. Die Abbildung zeigt sechs Drüsen, die Hormone von der Hypophyse empfangen. Die Hormone tun folgendes:

1. Regt die Schilddrüse zur Bildung von Schilddrüsenhormon an.
2. Regt die Brustdrüsen zur Milchproduktion an.
3. Reguliert die in den Nieren gehaltene Wassermenge.
4. Regt die Nebennieren zur Bildung vieler Hormone an.
5. Regt die Fortpflanzungsorgane dazu an, sich zu entwickeln und Hormone zu bilden.
6. Steuert das Knochen- und Körperwachstum.

BLATTFALL IM HERBST Im Herbst gibt eine Zellschicht an der Basis des Blattstiels Enzyme ab, die die Zellwände auflösen. Diesen Vorgang fördern eine Anzahl Hormone, darunter die Abscisinsäure. Zellen in dieser Schicht beginnen sich zu trennen, sterben ab und verholzen. Wenn das Blatt schließlich fällt, hat sich die Wunde der Pflanze bereits geschlossen, wodurch Wasserverlust und Infektion verhindert werden.

PFLANZENHORMONE

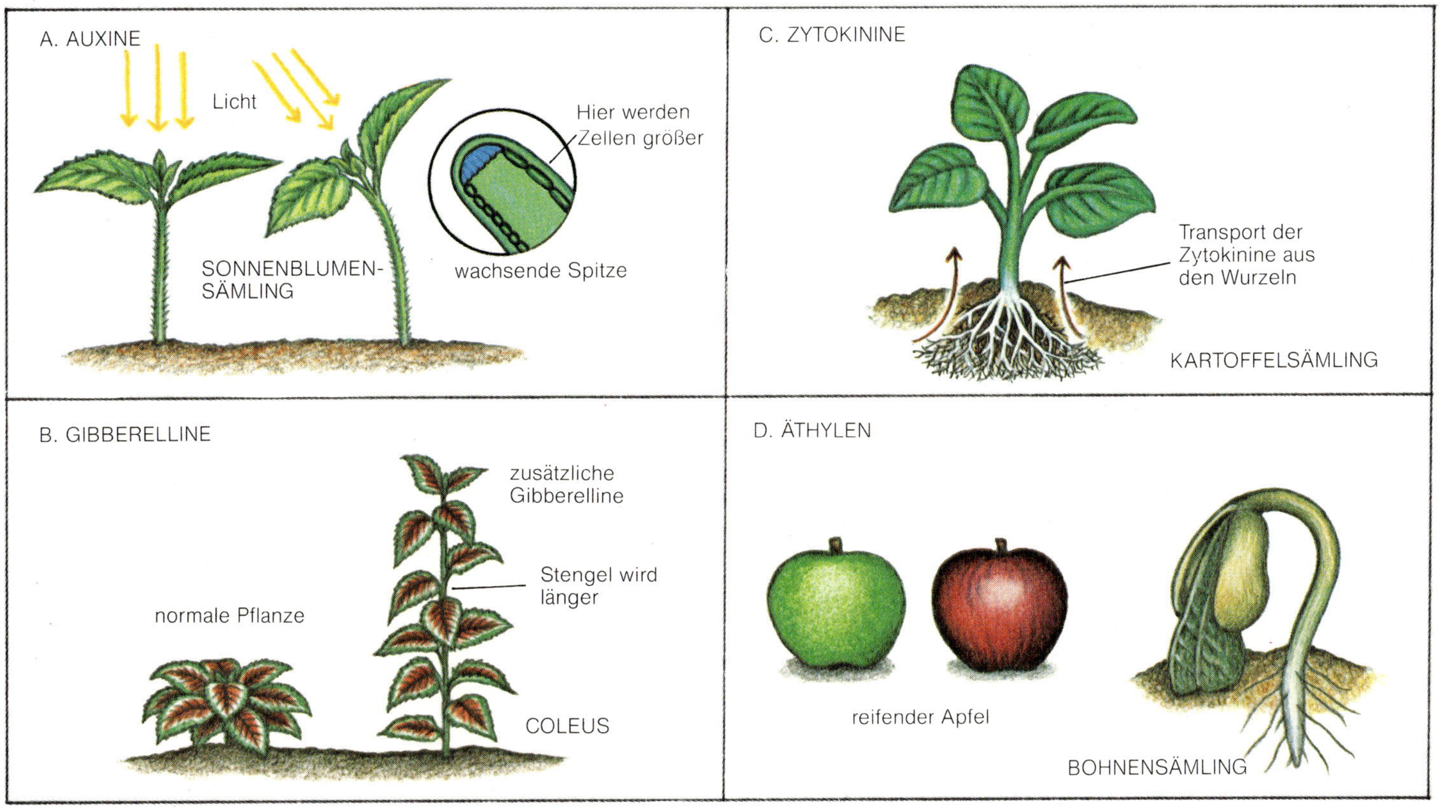

A — Auxine sind Hormone, die das Wachstum von Pflanzenzellen fördern. Wird eine wachsende Pflanze an einer Seite von der Sonne beschienen, so sinkt die Auxinversorgung an dieser Seite und die Zellen wachsen langsamer. Die Zellen an der anderen Seite wachsen normal weiter. Sie werden größer und bewirken dadurch, daß der Stengel sich krümmt.

B — Gibberelline fördern das Längenwachstum des Stengels. Sie helfen sich entwickelnden Pflanzen auch, die im Samen gespeicherte Nahrung zu verwerten.

C — Zytokinine sind an der Koordinierung des Wachstums von Wurzeln und Stengeln beteiligt. Sie werden in Wurzelzellen gebildet und gelangen durch das Xylem in den wachsenden Stengel.

D — Äthylen ist gasförmig und wird von Pflanzenzellen freigesetzt. Es fördert die Fruchtreifung und begünstigt den Wachstumsbeginn bei bestimmten Samen.

MUSKELN UND KNOCHEN Das Skelett stützt und schützt die empfindlichen Gewebe und Organe des Pferdes. Die Knochen, die den Brustkorb des Pferdes bilden, schützen Herz und Lungen. Die Knochen der Wirbelsäule schützen die zum und vom Gehirn ziehenden Nerven.

Gelenke sind bewegliche Knochenverbindungen. Im Schädel wachsen die meisten Knochen so dicht zusammen, daß keine Bewegung möglich ist. Andere Knochenverbindungen im Pferdekörper sind beweglich. Wenn an Knochen ansetzende Muskeln sich zusammenziehen, bewegen sie dadurch die Knochen. Wenn Pferde rennen, springen oder gehen, werden viele Muskeln gleichzeitig beansprucht.

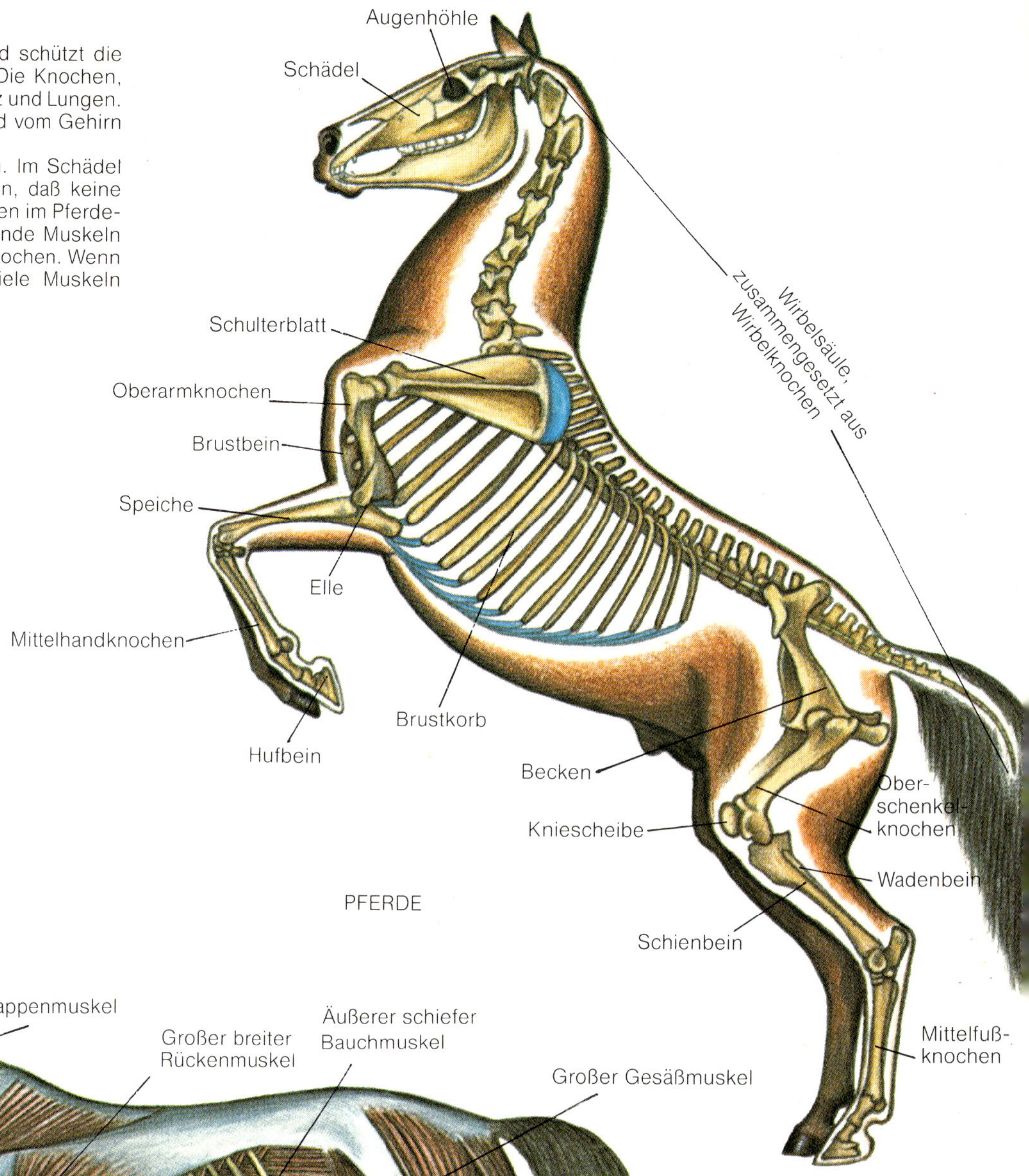

PFERDE

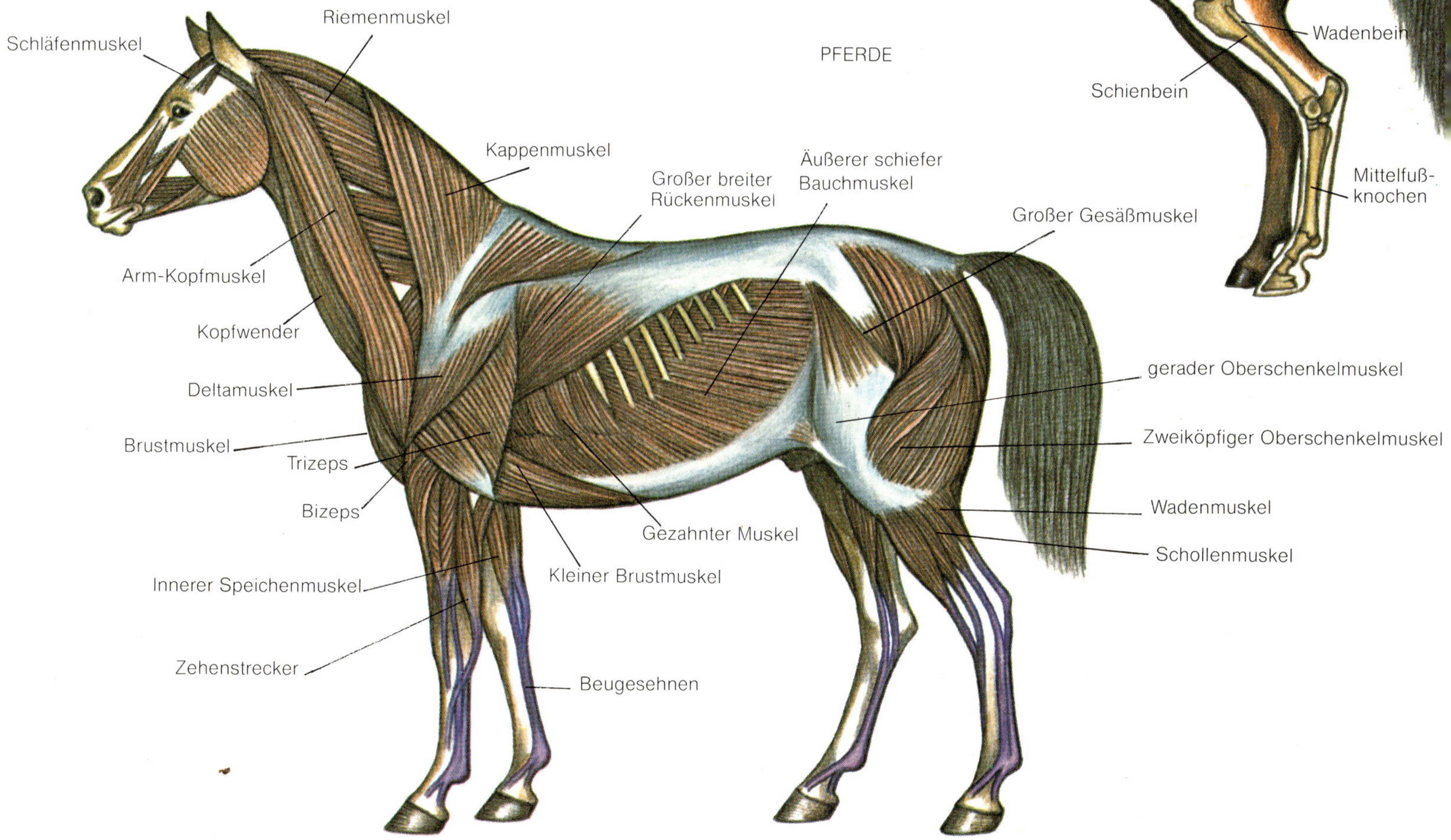

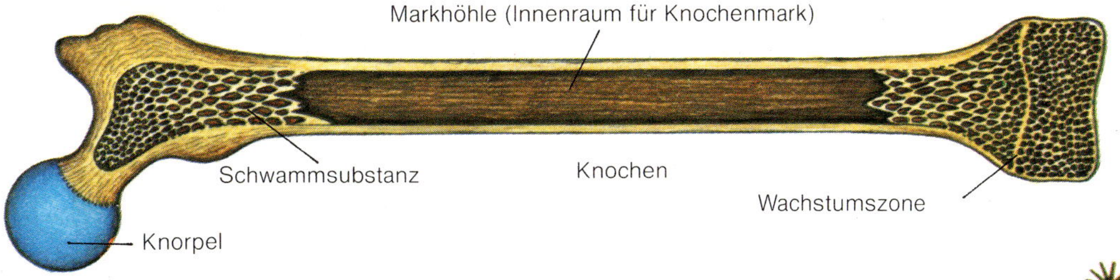

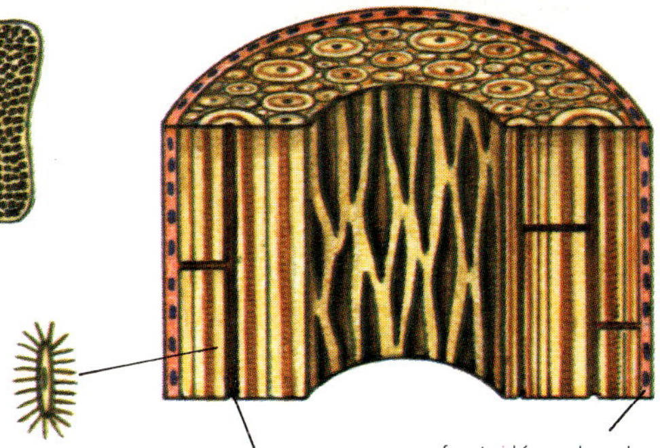

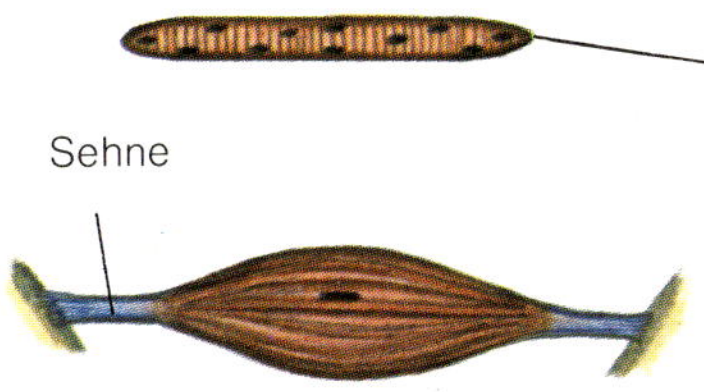

Muskeln sind mit zähen, elastischen Sehnen an Knochen befestigt.

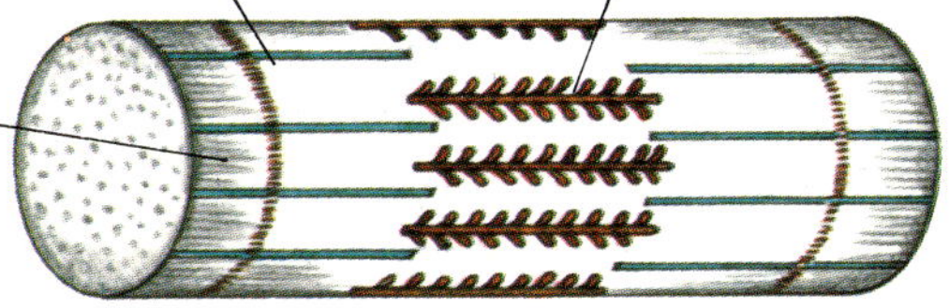

Jede Muskelzelle enthält viele solche Einheiten.

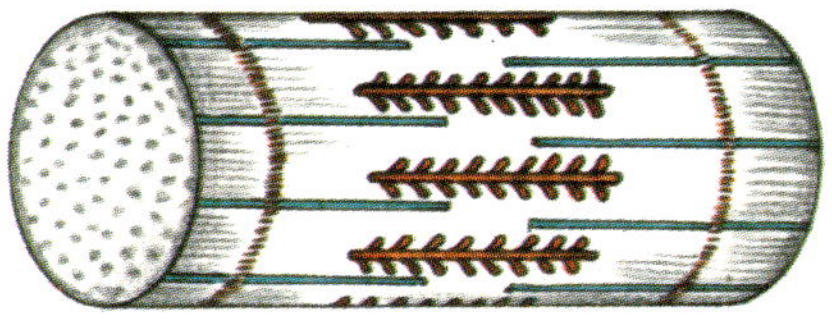

zusammengezogen

BAU VON MUSKELN UND KNOCHEN Knochen sind hart und kräftig, dabei aber leicht. Sie enthalten lebende Zellen, die von Blutgefäßen versorgt werden, welche in kleinen Kanälen verlaufen. Knochen sind durch Mineralien gehärtet, besitzen jedoch schwammige Teile mit Hohlräumen zwischen den verfestigten Mineralien. Der hohle Innenraum vieler Knochen enthält das rote Knochenmark. Muskelzellen setzen sich aus Fasern zusammen, die aus Aktin und Myosin bestehen. Wenn sich Muskelzellen zusammenziehen, gleiten die Aktinfasern zwischen die Myosinmoleküle und bewirken, daß der Muskel kürzer und dicker wird.

Muskeln, Haut und Knochen

Die weichen Gewebe und Organe in Pflanzen und Tieren müssen gestützt und geschützt werden. Bei Pflanzen tragen die Stengel sowohl die Blüten als auch die Blätter. Bei den meisten Tieren stützt und schützt die Organe ein Skelett, das ein inneres oder ein äußeres Skelett sein kann. Eine Art Skelett besteht zum Beispiel bei Hydren und Regenwürmern aus Flüssigkeit, die die Hohlräume zwischen den inneren Organen der Tiere erfüllt. Diese Flüssigkeit drückt gegen die Körperwände und trägt dazu bei, daß die Tiere ihre Körpergestalt behalten.

Ein anderer Skelettyp ist eine harte, äußere Körperbedekkung, zum Beispiel eine Schale. Eine Schale ist aus Proteinen und chemischen Stoffen wie z. B. Kalziumkarbonat aufgebaut, erzeugt von dem in der Schale lebenden Tier. Es gibt viele verschiedene Schalenarten. Schneckenschalen sind spiralig gewunden, die Nautilusschale ist innen gekammert, und Pilgermuscheln leben in zwei Schalen.

Die äußere Körperhülle von Insekten ist ein Gerüst aus Proteinen und dem Kohlenhydrat Chitin. Diese Hülle bildet die feste, flexible Bedeckung, die Insekten abstreifen, wenn sie sich häuten. In vielen Insektenskeletten ist Wachs eingelagert, das den Körper gegen Wasserverlust schützt.

Ein dritter Skelettyp, bestehend aus Knorpel und Knochen, ist das Skelett in unserem Körper.

Knochen

Knochen sind kräftig und hart, dabei aber leicht. Größe und Form der Knochen richten sich nach ihren unterschiedlichen Aufgaben. Manche Knochen, zum Beispiel die Rippen im Brustkorb, schützen Herz und Lunge. Andere Knochen dienen hauptsächlich der Bewegung. Die aus vielen kleinen Knochen, den Wirbeln, bestehende Wirbelsäule hilft das Gewicht des Tierkörpers zu tragen. Tiere mit Wirbelsäule nennt man Wirbeltiere (Vertebraten).

Knochen bestehen aus harten Mineralien wie Kalzium und Phosphor. Knochenzellen bilden aus diesen Mineralien die Knochen. Manche Knochenbereiche sind ganz vollgepackt mit Mineralien, in anderen Bereichen finden sich Hohlräume zwischen den harten Mineralien. Dieses Schwammwerk trägt dazu bei, daß die Knochen leicht sind.

Knochen sind von kleinen Kanälen durchzogen, in denen Blutgefäße und Nerven verlaufen. Diese Blutgefäße versorgen Knochenzellen mit Nährstoffen und Sauerstoff. Und sie bringen Wachstumshormone zu Knochen.

Blutgefäße führen Abbauprodukte von Knochenzellen fort. Außerdem nehmen sie manchmal Kalzium, Phosphor und andere, im Knochen gespeicherte Mineralien auf. Diese Mineralstoffe werden dorthin befördert, wo der Körper sie benötigt.

BEWEGUNG UND MEHR BEWEGUNG

Die meisten Tiere bewegen sich von Ort zu Ort, um Futter, Wasser, einen Paarungspartner zu finden oder um sich bei Gefahr in Sicherheit zu bringen. Dank ihrer Muskeln können Tiere fliegen, schwimmen, springen, rennen, kriechen und laufen. Für jegliche Bewegung wird die in ATP-Molekülen gespeicherte Energie benötigt (S. 13).

MEDIZINISCHER BLUTEGEL

Der Blutegel bewegt sich spannerraupenartig fort, indem er seine Muskeln zusammenzieht.

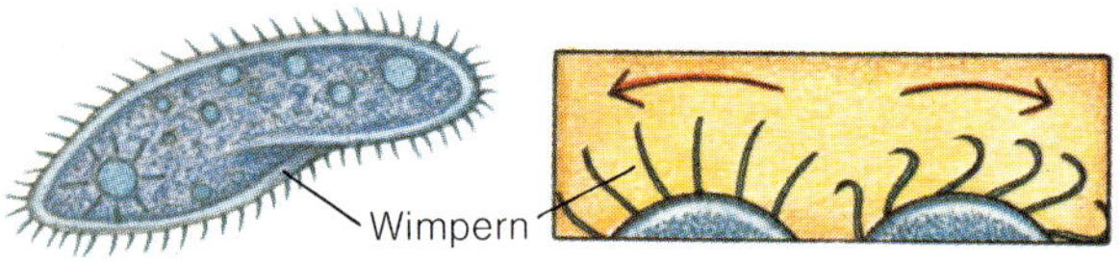

PANTOFFELTIERCHEN

Pantoffeltierchen schwimmen, indem sie mit den Wimpern auf ihrer Zelloberfläche schlagen.

KANADAGANS

Mit ihren kräftigen Flugmuskeln schlagen Vögel mit den Flügeln. Beim Abwärtsschlag drücken steife, leichte Federn die Luft nach unten und nach hinten, wodurch der Vogel Auf- und Vortrieb erhält. Bei der Aufwärtsbewegung des Vogelflügels spreizen sich die Federn, so daß die Luft hindurchtreten kann. Damit sich ihre Muskeln ausruhen können, segeln Vögel oft mit ausgebreiteten Flügeln auf Luftströmungen.

KOLIBRI

Manche Kolibris sind nur 5 cm lang. Sie nehmen ihre Nahrung im Schwirrflug auf.

Känguruhs schaffen mit ihren langen, kräftigen Hinterbeinen bis zu 8 m weite Sprünge. Bei hohen Luftsprüngen balancieren sie mit ihrem dicken Schwanz.

KÄNGURUH

Viele Knochen weisen einen hohlen Innenraum auf, die Markhöhle. Im roten Knochenmark werden rote und weiße Blutzellen gebildet, im gelben Mark sind Fette gespeichert.

Gelenke

Ein Gelenk ist eine bewegliche Verbindung zweier Knochen. Manche Knochen wie beispielsweise die im Schädel wachsen so fest zusammen, daß sie nicht gegeneinander beweglich sind. Zwischen anderen Knochen, zum Beispiel denen im Knie, finden sich Gelenke. Verschiedene Arten von Gelenken ermöglichen verschiedene Arten der Bewegung.

In einem Gelenk halten feste Bänder die Knochen zusammen. Ein mit Flüssigkeit gefüllter Beutel zwischen den Bändern verringert die Reibung zwischen den Knochen und trägt dazu bei, daß die Knochenoberflächen glatt bleiben.

Durch Zusammenziehen von Fasern in der Glocke stößt eine Meduse einen Wasserstrahl aus — sie schwimmt mit Rückstoß.

Schlangen haben keine Beine. Leise schlängeln sie sich waagrecht vorwärts. Sie tun das in seitlichen Wellen ihres Körpers, wobei sie sich mit Körperpartien gegen Steine, Gräser und Zweige stemmen.

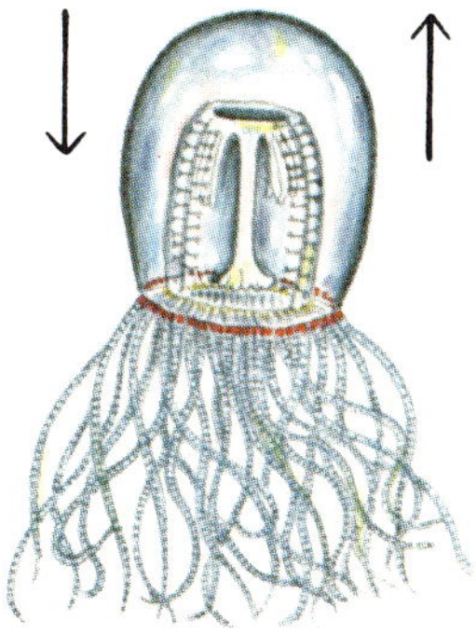

MEDUSE

SCHLANGE

RANKENFÜSSER

Manche Tiere wie z. B. Rankenfüßer leben seßhaft: Sie bewegen sich nicht von der Stelle.

Fische setzen ihre Flossen zur Fortbewegung sowie als Gleichgewichts- und Steuerorgane ein. Jede Flosse wird durch Muskelkraft betätigt. Beim Schwimmen drücken Fische mit dem Kopf, dem Körper und dem Schwanz Wasser seitlich weg.

HAI

Knorpel

Knorpel ist ein glattes, festes Gewebe und flexibler als Knochen, aber nicht so hart wie Knochen. Bei manchen Tieren wie z. B. Haien wird das ganze Skelett aus Knorpel aufgebaut. Beim ungeborenen Menschen besteht das Skelett aus Knorpel; es wird später zum Knochenskelett des Erwachsenen umgewandelt, doch bleiben einige Knorpel erhalten, beispielsweise in der Nase, im äußeren Ohr und an den Knochenenden.

Haut

Tiere mit Innenskelett sind mit einer zähen, elastischen und wasserdichten Haut umhüllt. Haut besteht aus vielen Zellschichten. Die äußeren Zellschichten, die die Oberhaut (Epidermis) bilden, wachsen zur Hautoberfläche hin, wo sie absterben und abfallen. In Schichten unter der Oberhaut befinden sich Haarwurzeln, Schweißdrüsen, Nerven und Blutgefäße.

Muskeln und Bewegung

Knochen können sich nicht von selbst bewegen, sie müssen also von den an ihnen befestigten Muskeln bewegt werden. Muskeln bestehen aus Zellverbänden, die sich zusammenziehen können.

Muskelzellen setzen sich aus Fasern zusammen. Jede Faser enthält dünne Fäden aus dem Protein Aktin und dicke Fäden aus dem Protein Myosin. Die dicken Myosinfäden weisen winzige Brücken auf, die beinahe die Aktinmoleküle berühren.

Wenn Muskeln von Nervenzellen ein Signal bekommen, daß sie sich zusammenziehen sollen, heften sich die winzigen Brücken an die Aktinmoleküle an, ziehen an ihnen und bewirken, daß sie zwischen die Myosinfäden gleiten. Wenn das geschieht, werden Muskelzellen kürzer und dicker. Jeder Zugvorgang erfordert Energie. Diese Energie steuern ATP-Moleküle bei.

Man unterscheidet drei Hauptarten von Muskeln — glatte Muskeln, Herzmuskeln und Skelettmuskeln. Glatte Muskeln finden sich an den Wänden von Blutgefäßen (S. 32). Sie sind auch diejenigen Muskeln, die die Bewegungen von Organen wie z. B. Magen und Harnblase steuern. Ein Tier kann weder seine glatten Muskeln noch seine Herzmuskeln willkürlich bewegen.

Muskeln, die an Knochen befestigt sind, werden als Skelettmuskeln bezeichnet. Die Verbindung zwischen Muskeln und Knochen stellen sehr zugfeste, elastische Gewebe her, die Sehnen.

Tiere können ihre Skelettmuskeln willkürlich bewegen. Wenn Skelettmuskeln sich verkürzen, ziehen sie an Knochen. Dadurch werden die Gelenke gebeugt und die Knochen bewegt.

Gehen, Laufen, Schwimmen, Springen und Fliegen sind komplizierte Bewegungsabläufe, an denen viele Muskeln gleichzeitig beteiligt sind. Jeder dieser Muskeln muß ein exaktes Signal bekommen, das ihm sagt, wann er sich zusammenziehen und wann er erschlaffen soll. Diese Signale kommen von den Zellen im Nervensystem.

Elektrische Signale

Tiere steuern ihre Bewegungen mit elektrischen Signalen, die zu ihren Muskeln gelangen und deren Zusammenziehung bewirken. Die Signale werden von Nervenzellen übermittelt, den Neuronen, die Bestandteile des Nervensystems sind.

Das Nervensystem eines Tieres sammelt vom Körperinneren und von außen kommende Informationen (Reize). Nach dem Sortieren dieser Informationen sendet das Nervensystem den meisten Organen in einem Tierkörper Befehle. Diese Befehle helfen, die Atmung, die Herzfrequenz, die Körpertemperatur und den Verdauungsprozeß zu regulieren. Sie helfen Tieren auch, Nahrung zu finden, sich zu schützen und auf ihre Umgebung zu reagieren.

Nervensysteme

Manche Tiere, zum Beispiel die unten abgebildeten, haben einfache Nervensysteme. Das einfachste hat die Hydra. Es besteht aus einem Geflecht von Nervenzellen, das den ganzen Körper überzieht. Strudelwürmer wie die Planarien besitzen kompliziertere Nervensysteme. Außer einem Nervengeflecht gibt es bei ihnen Nervenstränge, die längs durch den Körper verlaufen. In ihren Köpfen sind Nervenbündel vorhanden, die Ganglien, die ein einfaches Gehirn bilden.

Wirbeltiere weisen sehr komplizierte Nervensysteme auf. Ihre Gehirne sind verwickelt gebaut, und in ihren Wirbelsäulen verlaufen Rückenmarksnerven. Gehirn und Rückenmark bilden das Zentralnervensystem.

Vom Zentralnervensystem zweigen Bündel von Nervenzellen zu allen Teilen eines Tierkörpers ab. Diese Nerven bilden das periphere Nervensystem; sie führen dem Rückenmark und dem Gehirn elektrische Signale zu.

Nervenzellen

Nervenzellen übertragen elektrische Signale. Am Ende der Nervenzelle nehmen kurze Fasern, die man als Dendriten bezeichnet, elektrische Signale auf. Manche Nervenzellen haben über tausend Dendriten.

Dendriten leiten elektrische Signale zum Körper der Nervenzelle, wo sich Zellkern und Zellorganellen befinden. Vom Zellkörper leitet eine als Axon bezeichnete Faser das Signal weiter.

Die meisten Axone sind von einer weißen, fettstoffhaltigen Substanz umgeben, dem Myelin. Myelin wird von Schwannschen Zellen abgegeben, von denen das Axon umwickelt ist. Myelin isoliert und schützt Axone. Längs jedes Axons finden sich in regemäßigen Abständen myelinfreie

EINFACHE NERVENSYSTEME Fast alle Tiere haben ein Nervensystem. Das einfachste ist das der Hydren, es besteht aus einem Geflecht von Nervenzellen, das den ganzen Körper überzieht. Die anderen hier gezeigten Tiere besitzen Nervenstränge und Bündel von Nerven, Ganglien genannt, sowie ein Nervennetz. Manche verfügen sogar über ein einfaches Gehirn.

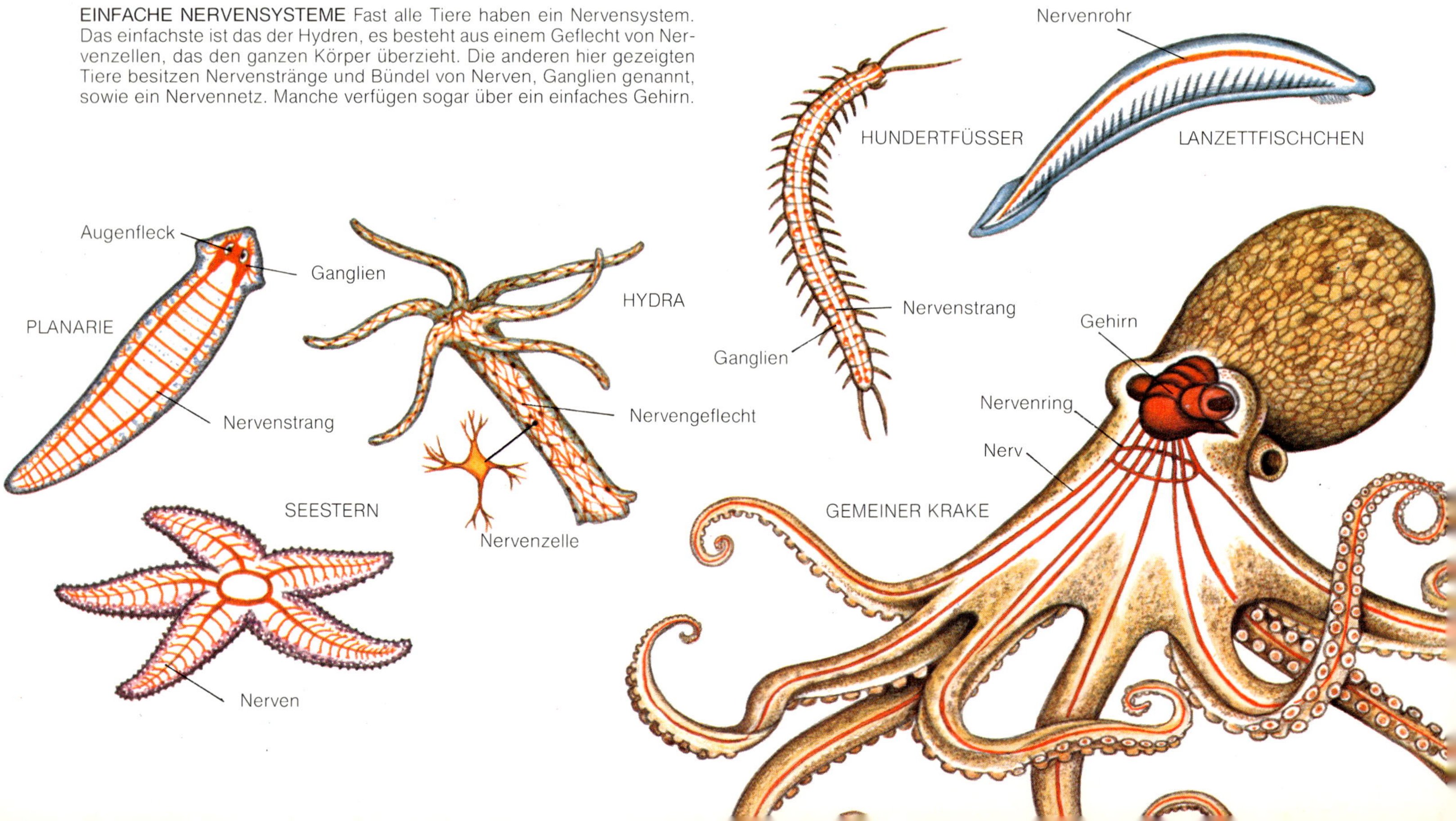

Bereiche. Man bezeichnet sie als Ranviersche Schnürringe. Mit diesen Einschnürungen sieht das Axon wie eine Würstchenkette aus. Elektrische Signale springen von Schnürring zu Schnürring und erreichen dabei Geschwindigkeiten um 100 m in der Sekunde. Das Axon ist an seinem Ende baumartig verzweigt. Die Endäste leiten die Signale an andere Nervenzellen weiter.

Synapsen

Gewöhnlich berühren Nervenzellen einander nicht. Vielmehr gibt es zwischen Zellen spezielle Kontaktstellen, die Synapsen. An jeder dieser Stellen müssen elektrische Signale einen winzigen Synapsenspalt überwinden, um von einer Nervenzelle zur nächsten zu gelangen.

An den Endigungen der Axone werden besondere chemische Substanzen gebildet, die die einlaufenden Signale aufnehmen. Diese Substanzen werden in den Spalt entleert. Wie Boote mit Insassen überqueren die Moleküle den Spalt. Sobald die Überträgerstoffe die Dendriten einer anderen Nervenzelle berühren, werden die elektrischen Impulse abgegeben. Auf diese Weise kann eine Nervenzelle ein elektrisches Singal an eine andere Nervenzelle weiterreichen. Die Überträgerstoffe werden sofort nach der Signalübertragung zerstört, damit sie das Einlaufen anderer Impulse nicht blokkieren können.

Manche Axone enden an Muskelzellen. Ihre Endfasern verteilen sich über die Muskelzellen mit sogenannten Endplatten (siehe Abb.).

Besondere chemische Stoffe übertragen elektrische Signale von der Nervenzelle an die Muskelzelle. Auf diese Signale hin zieht sich die Muskelzelle zusammen. Wenn das Signal aufhört, erschlafft die Muskelzelle.

Das Rückenmark

Im Rückenmark laufen Informationen von vielen Teilen des Körpers ein. Nerven, die Informationen zum Rückenmark leiten, nennt man Sinnesnerven (sensorische Nerven). Der größte Teil der Informationen, die zum Rückenmark gelangen, wird durch die Nerven, aus denen sich das Rückenmark zusammensetzt, zum Gehirn weitergeleitet.

Nerven im Rückenmark bekommen auch Befehle vom Gehirn und schicken sie zu den Teilen des Körpers, wo sie wirksam werden sollen. Über motorische Nerven gehen diese Signale aus dem Rückenmark hinaus. Manche Signale gelangen zu Muskeln, andere gelangen zu Drüsen und veranlassen sie zur Abgabe von Hormonen.

Das Rückenmark steuert auch einfache automatische Reaktionen, die man als Reflexe bezeichnet. Das automatische Zurückzucken von einem heißen Gegenstand ist so ein Reflex.

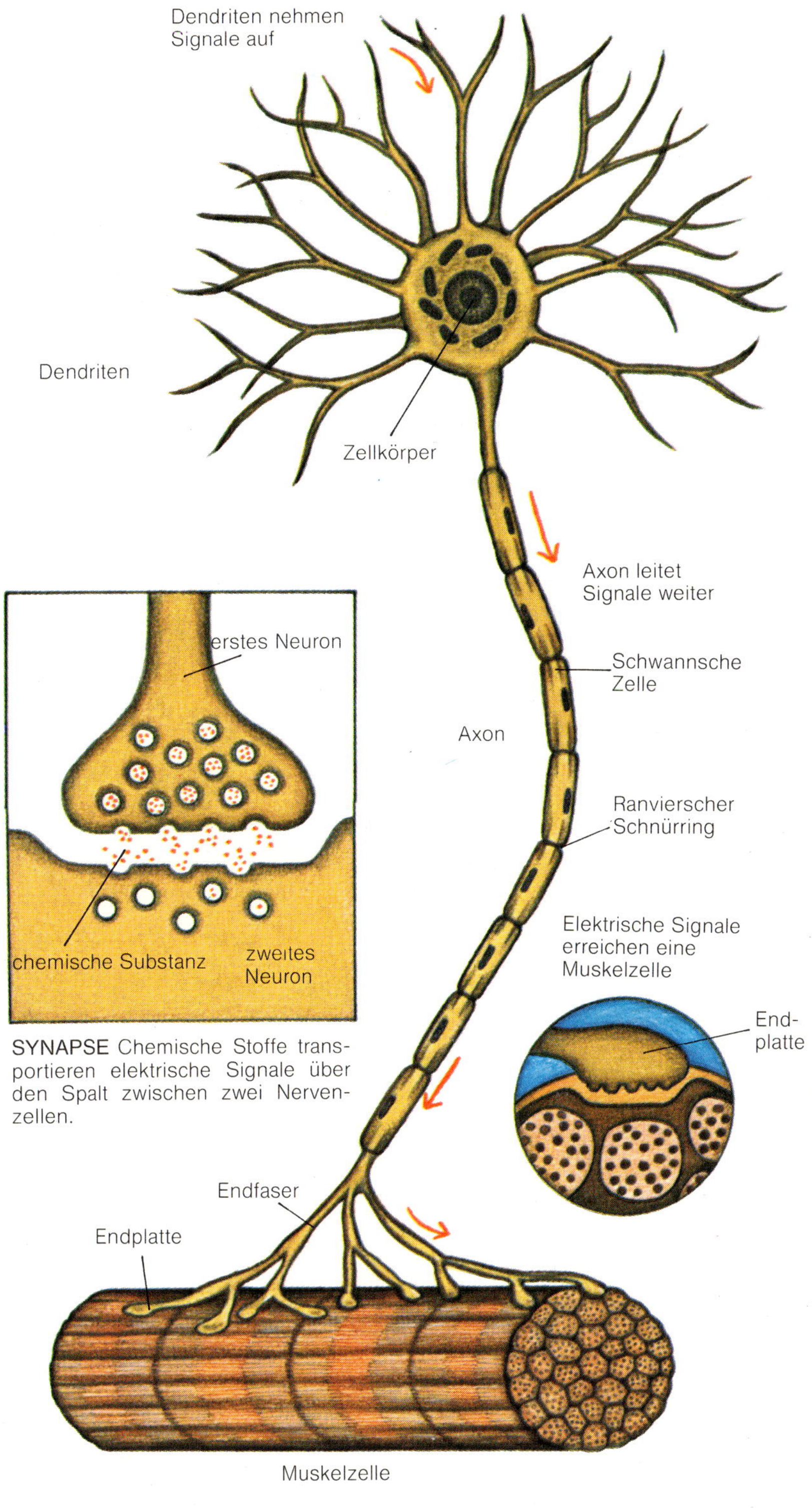

SYNAPSE Chemische Stoffe transportieren elektrische Signale über den Spalt zwischen zwei Nervenzellen.

NERVENZELLEN Nervenzellen oder Neurone übermitteln elektrische Signale. Kurze Fasern, Dendriten genannt, empfangen diese Signale und leiten sie zum Zellkörper. Von dort leitet eine als Axon bezeichnete Faser die Signale weiter. Die meisten Axone sind mit schützendem Myelin umgeben. Endfasern am Axon übermitteln die Signale an andere Nervenzellen oder an Muskelzellen.

Das Gehirn

Der wichtigste Teil des Zentralnervensystems ist das Gehirn. Es steuert und koordiniert Aktivitäten in allen Teilen des Körpers. Das Gehirn empfängt Informationen aus dem Körperinneren und von außerhalb. Ein Teil dieser Information gelangt durch die Rückenmarksnerven zum Gehirn, der Rest erreicht das Gehirn direkt über die Gehirnnerven. Der Nerv zum Beispiel, der Informationen von den Augen zum Gehirn leitet, ist einer der Gehirnnerven. Im Gehirn wird die Information von Millionen untereinander verknüpfter Nervenzellen aufgenommen und sortiert. Aufgrund dieser Information entscheidet das Gehirn, welche Befehle verschiedene Teile des Körpers bekommen sollen.

Bei den meisten Tieren weist das Gehirn tiefe Falten auf, die eine große Oberfläche ergeben. Wie das Rückenmark ist das Gehirn von drei festen Membranen umhüllt und enthält eine Flüssigkeit, die stoßdämpfend wirkt.

Unser Gehirn besteht aus Milliarden von Gehirnzellen. Da viele davon die meiste Zeit arbeiten, benötigen sie viel Energie und viel Sauerstoff. Die starke Blutversorgung des Gehirns stellt sicher, daß diese Nervenzellen gesund bleiben.

Das Gehirn gliedert sich in verschiedene Abschnitte. Ein Abschnitt, das verlängerte Mark, ist das Steuerzentrum für Atmung und Herzschlag. Ein anderer Abschnitt, das Kleinhirn, hilft, Bewegungen zu koordinieren und das Gleichgewicht zu erhalten.

Der Hypothalamus empfängt Informationen vom Herzen, von den Lungen, den Nieren und vom Magen. Er dient der Steuerung dieser Organe. Außerdem beeinflußt er die Tätigkeit der Hypophyse. Nahe beim Hypothalamus liegt der Thalamus, die zentrale Schaltstelle für fast alle Sinnesbahnen vom und zum Großhirn.

Bei manchen Tieren ist das Großhirn der größte Hirnteil. Es enthält Sinnesfelder, die Informationen vom Gesicht, von der Zunge, der Kehle, den Armen, den Beinen und der Haut erhalten. Zudem enthält es motorische Felder, die Steuerbefehle für Gesichts-, Arm- und Beinmuskeln aussenden. Diese Skelettmuskeln können willkürlich gesteuert werden. Nervenzellen im Großhirn sind auch zuständig für Lernen, Gedächtnis, Denken und die Gefühle.

Nerven der linken Gehirnseite stehen mit Nerven der rechten Gehirnseite durch ein Band aus Nervenfasern, den Gehirnbalken, in Verbindung.

Nervenzellen, die Tätigkeiten wie z. B. die Atmung steuern, müssen auch arbeiten, wenn das Tier nicht wach ist. Aber im schlafenden Tier arbeiten die Gehirnzellen langsamer.

Die komplizierten Nervenverbindungen im Gehirn sind dafür zuständig, wie sich Tiere verhalten. Wir wissen jedoch wenig darüber, wie das Gehirn so viele Dinge gleichzeitig erledigt.

DAS RÜCKENMARK Das Rückenmark erhält Informationen von allen Teilen des Körpers und leitet sie zum Gehirn. Nerven, über die Informationen zum Rückenmark laufen, bezeichnet man als Sinnesnerven (sensorische Nerven). Nachdem das Gehirn entschieden hat, wie die erhaltene Information zu verwerten ist, schickt es seinerseits Botschaften an das Rückenmark. Motorische Nerven leiten diese Botschaften vom Rückenmark aus zu allen Teilen des Körpers.

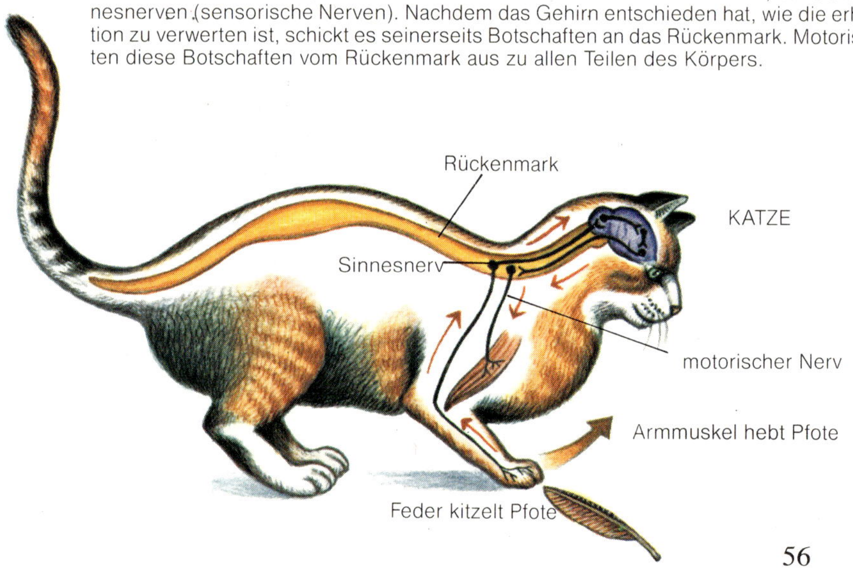

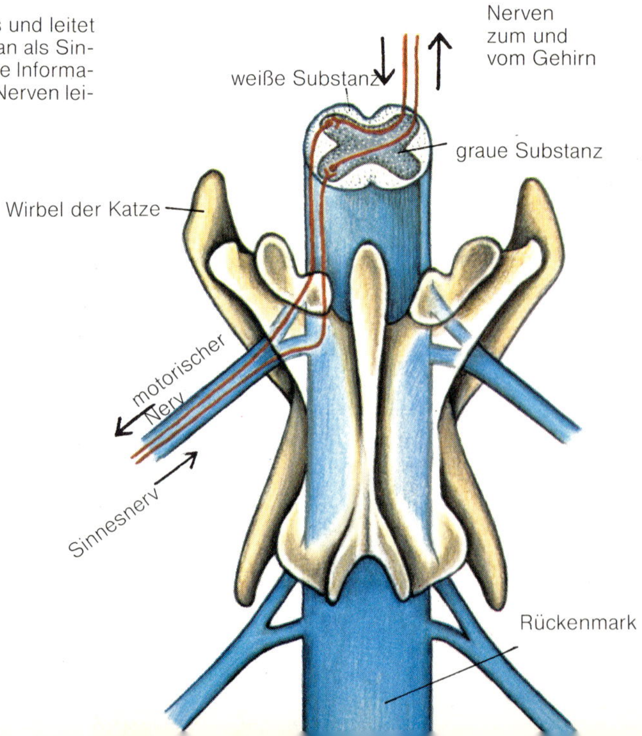

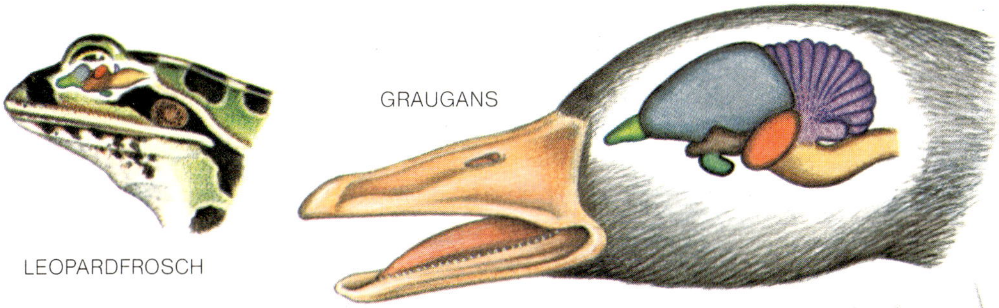

DAS GEHIRN Das Gehirn ist der wichtigste Teil des Zentralnervensystems. Im Gehirn treffen Informationen aus dem Körperinneren und von außerhalb ein. Dann sendet das Gehirn Signale aus, die die Tätigkeiten von Geweben und Organen steuern und koordinieren. An der Gehirnbasis befindet sich der Hirnstamm; er ist die Verlängerung des Rückenmarks. Elektrische Signale wandern vom Gehirnstamm zum Hypothalamus, zum Thalamus und zum Großhirn.

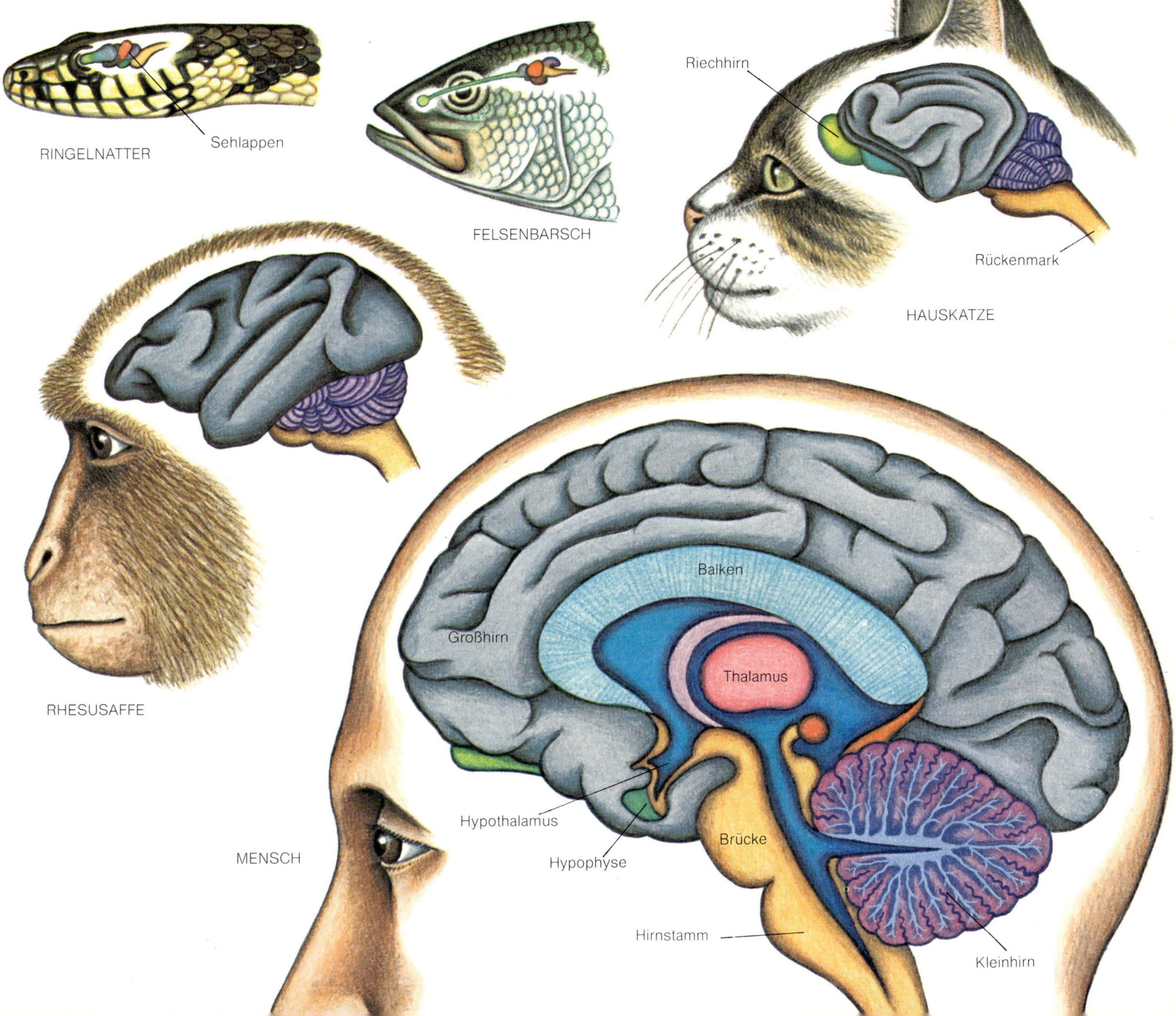

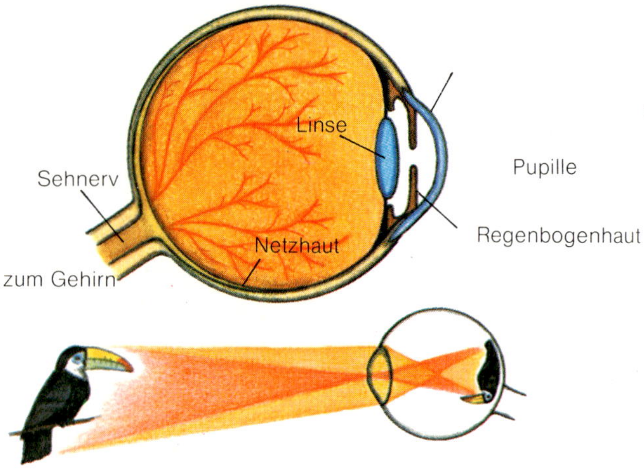

UNSER AUGE Durch die Pupille, eine Öffnung in der farbigen Regenbogenhaut, fällt Licht ein. Die Linse bündelt die Lichtstrahlen und läßt auf der Netzhaut ein Bild entstehen. Das Bild wird in elektrische Signale umgewandelt, die durch den Sehnerv zum Sehzentrum im Gehirn gelangen. Unser Gehirn interpretiert das Bild richtig.

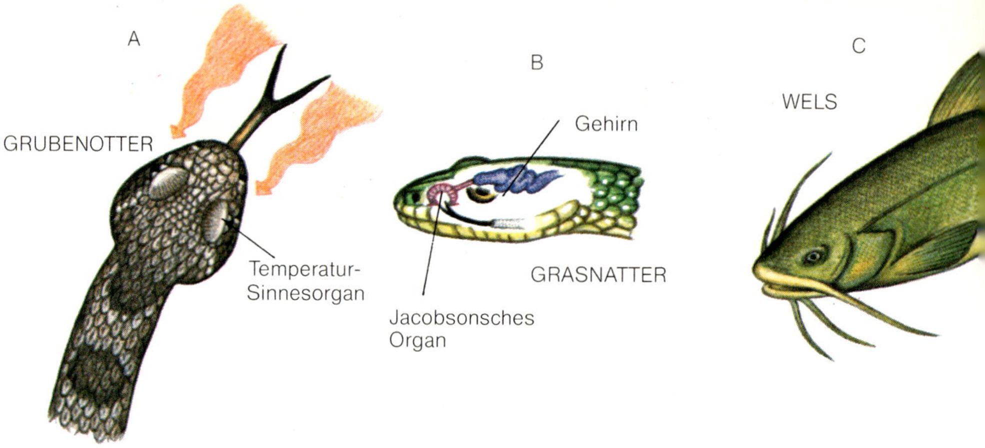

EINIGE BESONDERE SINNE A. Besondere Zellen im Kopf der Grubenotter nehmen die von Lebewesen abgegebene Wärme wahr. B. Die Zunge einer Schlange nimmt vom Boden oder aus der Luft Witterungsstoffe auf und bringt sie zum Jacobsonschen Organ. Dieses Organ reagiert auf Gerüche und hilft der Schlange, die Spur eines Beutetiers zu verfolgen. C. Zellen im Seitenlinienorgan nehmen Bewegung im Wasser wahr, wodurch der Fisch auf Gefahr oder Beute aufmerksam wird. D. Netzbauende Spinnen spüren durch Haare an den Beinen die Bewegungen, wenn etwas im Netz zappelt. E. Fledermäuse orten Insekten und andere Objekte dadurch, daß sie Ultraschalltöne ausstoßen. Wenn die Schallwellen von Objekten zurückgeworfen werden, fangen die Ohren der Fledermaus diese Echos auf. So kann das Tier genau ermitteln, wo das Objekt ist.

Die Sinne

Tiere benötigen Informationen aus ihrer Umwelt, um Nahrung, Wasser, einen Partner, den sichersten Platz zum Leben und den schnellsten Fluchtweg finden zu können. Besondere Sinnesorgane wie das Auge und das Ohr sammeln diese Informationen und wandeln sie in elektrische Signale um, die von Nerven zum Rückenmark und zum Gehirn weitergeleitet werden. Im Gehirn werden diese Signale in Gesichts-, Gehörs-, Geschmacks-, Geruchs-, Schmerz- und Berührungsempfindungen umgewandelt. Das Gehirn entscheidet, was mit diesen Informationen zu tun ist und wie das Tier reagiert.

Sinnesorgane enthalten Rezeptoren (Reizempfänger). Rezeptoren im Auge sprechen auf Licht und Farbe an, Rezeptoren im Ohr auf Schallwellen, Rezeptoren in der Nase auf Gerüche in der Luft.

Die Haut nimmt Informationen durch Nerven verschiedener Art auf, die auf Berührung, Druck, Wärme und Kälte reagieren. Die Nerven in der Haut können auch Schmerz spüren. Schmerz ist ein Warnsignal und sagt dem Tier, daß Zellen geschädigt werden und daß es sich aus dem Gefahrenbereich zurückziehen muß. Bei hautlosen Tieren sind oft auf der Körperoberfläche berührungsempfindliche Haare vorhanden.

Geruch und Geschmack

Viele Tiere wie zum Beispiel Wölfe und Löwen orten ihre Nahrung mit dem Geruchssinn. Gerüche rühren von Molekülen her, die von den Riechhärchen der Riechschleimhaut in der Nasenhöhle aufgenommen werden. Diese Härchen reagieren auf chemische Stoffe und regen Nervenzellen an, Informationen über diese Stoffe zum Geruchszentrum im Gehirn zu leiten.

Die meisten Tiere schmecken ihre Nahrung, wenn sie in ihren Mund gelangt ist. Insekten indes haben nicht nur an ihren Mundwerkzeugen, sondern auch an den Beinen Geschmacksrezeptoren. Geschmacksrezeptoren reagieren auf Moleküle in der Nahrung und lassen das Gehirn wissen, welche süß, bitter, salzig oder sauer sind.

Sehen

Tiere sehen ihre Umwelt mit ihren Augen. Durch Lichtwellen erhalten die Augen Informationen, die in elektrische Signale umgewandelt und an das Sehzentrum im Gehirn

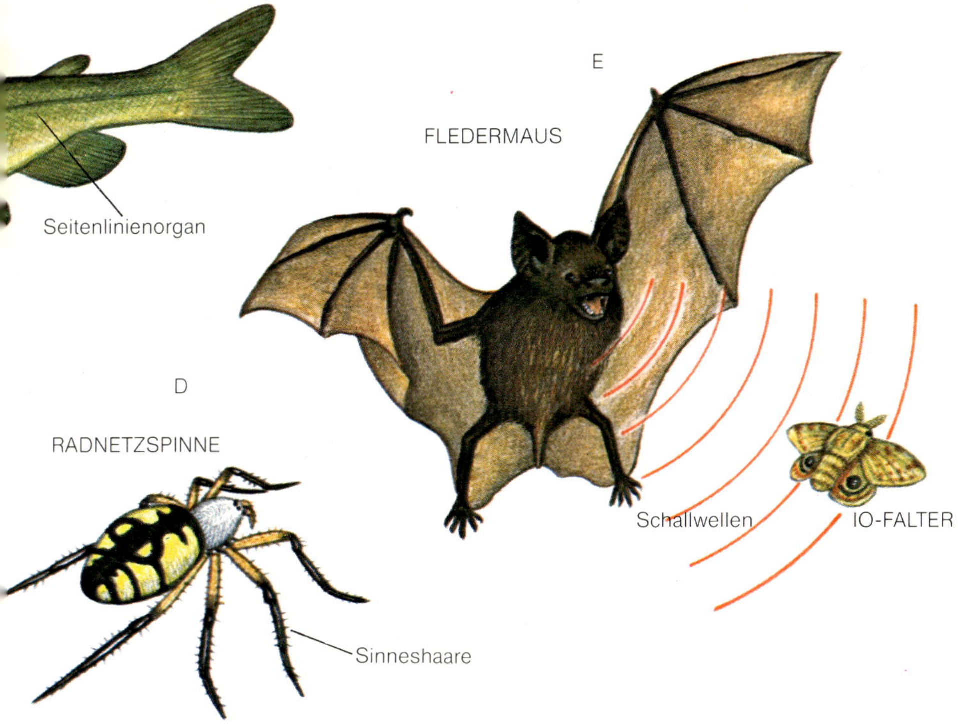

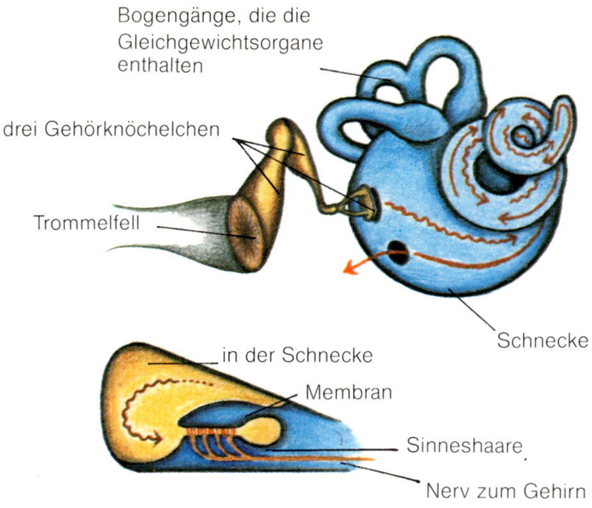

UNSER OHR Schallwellen versetzen unser Trommelfell in Schwingungen. Drei Gehörknöchelchen geben diese Schwingungen an das Innenohr weiter. Die Schwingungen durchlaufen die Schnecke, einen mit Flüssigkeit gefüllten, gewundenen Gang, und erregen dabei Hörzellen mit Sinneshärchen. Diese Zellen wandeln die Schwingungen in elektrische Signale um und leiten sie zu den Hörzentren im Gehirn weiter.

weitergeleitet werden. Lichtwellen werden von Objekten reflektiert (zurückgeworfen) oder absorbiert (aufgenommen). Die reflektierten Lichtwellen übermitteln den Augen Muster und Bilder.

Licht gelangt in unser Auge durch die Pupille, eine Öffnung in der farbigen Regenbogenhaut. Die Regenbogenhaut kann die Weite der Pupille verändern; dadurch regelt sie die Menge des Lichteinfalls. Das Licht geht dann durch die Linse, die aus transparenten Proteinfasern besteht. Die Linse entspricht der Linse einer Kamera. Sie bündelt die Lichtstrahlen und lenkt sie auf die Netzhaut, die lichtempfindliche Schicht des Auges.

Das auf der Netzhaut erzeugte Bild steht auf dem Kopf und ist seitenverkehrt. Im Gehirn wird es korrigiert.

Die Netzhaut enthält lichtempfindliche Zellen — die Stäbchen, die für das Sehen bei schwachem Licht wichtig sind, und die Zapfen, die auf Farben ansprechen. Stäbchen und Zapfen übertragen das gesamte Bild auf Nervenzellen hinten im Auge. Diese Nervenzellen senden elektrische Signale über den Sehnerv zum Sehzentrum im Gehirn.

Nicht alle Tiere haben Augen, die wie das Menschenauge gebaut sind. Die Augen von Krabben, Garnelen und Insekten setzen sich aus Tausenden von kegelförmigen Einzelaugen zusammen. Jedes Einzelauge ist wie eine Kamera. Die hineingelangenden Lichtwellen werden in elektrische Signale umgewandelt und zum Gehirn geleitet.

Hören

Durch die Luft übermittelte Schallwellen werden vom äußeren Ohr aufgefangen und in den Gehörgang geleitet, der zum Trommelfell führt. Das Trommelfell, eine dünne, straff gespannte Membran, wird in Schwingungen versetzt. Drei mitschwingende Gehörknöchelchen — Hammer, Amboß und Steigbügel— übertragen die Schwingungen auf das Innenohr.

Das Gehörorgan im Innenohr, die Schnecke, ist ein gewundener, mit Flüssigkeit gefüllter Gang. Die Schallschwingungen laufen als Druckwellen in der Flüssigkeit die Schnecke aufwärts und erregen dabei Rezeptorzellen mit Sinneshärchen. Diese Zellen wandeln die Schwingungen in elektrische Signale um, die zu den Hörzentren im Gehirn weitergeleitet werden.

Gleichgewicht

Weitere mit Flüssigkeit gefüllte Gänge im Innenohr enthalten die Gleichgewichtsorgane. Diese Gleichgewichtsorgane in den Bogengängen geben dem Gehirn Signale, die uns helfen, uns im Gleichgewicht zu halten, wenn wir uns bewegen. Verlieren wir das Gleichgewicht, so senden diese Organe Signale an das Kleinhirn, das diese Informationen dazu benutzt, uns wieder zu unserem Gleichgewicht zu verhelfen.

Der Gesang des Wals wird unter Wasser immer wieder reflektiert und pflanzt sich so kilometerweit fort.

FINNWAL

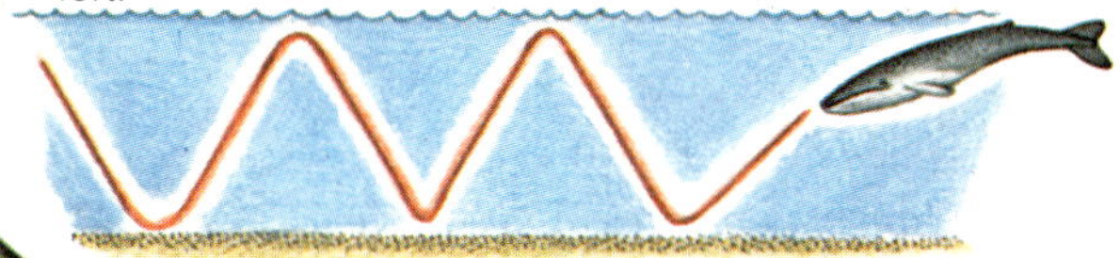

TÖPFERVOGEL

KÜKEN

Vögeln dient ihr Gesang dazu, sich zu identifizieren, Partner anzulocken, Alarmrufe zu geben und anderen Vögeln mitzuteilen, daß sie das Revier des Sängers zu meiden haben. Wenn ein Küken in Not ist, piepst es nach seiner Mutter.

LEUCHTKÄFER

Leuchtkäfer identifizieren sich durch das Leuchtmuster und die Farbe der Blinkzeichen, die sie geben.

Hat eine Späherameise Futter gefunden, so legt sie eine chemische Spur, der andere Ameisen folgen. Wenn eine Ameise Gefahr spürt, gibt sie einen Alarmduftstoff ab, der die übrigen Ameisen sofort alarmiert.

SCHWARZE WIESENAMEISE

PRÄRIEHUNDE

Präriehunde küssen einander zur Begrüßung. Am Küssen erkennt ein Präriehund ein Mitglied seiner Gruppe.

Der Diskus (unten) wird dunkler, wenn er gestört wird. Die helle Färbung dieses Frosches (links) zeigt anderen Tieren an, daß er giftig ist.

PFEILGIFTFROSCH

DISKUS

Wenn Suchbienen Futterquellen entdeckt haben, kehren sie zum Stock zurück und beginnen auf den Waben zu tanzen. Tanzen sie in Kreisbogen (Rundtanz; A), so sagt dies den Stockgenossinnen, daß sich die Futterquelle in nächster Nähe des Stockes befindet. Mit einem Schwänzeltanz (B, C, D) dagegen teilen die Suchbienen Richtung und Entfernung einer weiter vom Stock entfernten Futterquelle mit. Ein Schwänzellauf senkrecht die Wabe hinauf (B) bedeutet: Das Futter befindet sich in Sonnenrichtung.

Ein Schwänzellauf senkrecht die Wabe hinunter (C) bedeutet: Zur Futterquelle von der Sonne wegfliegen. Ein Schwänzellauf in dem in Abb. D gezeigten Winkel bedeutet: In diesem Winkel links von der Sonne fliegen. Mit der Zahl der Kreisbogen tut die Tänzerin kund, wie weit es vom Stock zur Futterquelle ist. Je weniger Kreisbogen sie macht, desto größer ist die Entfernung zur Futterquelle.

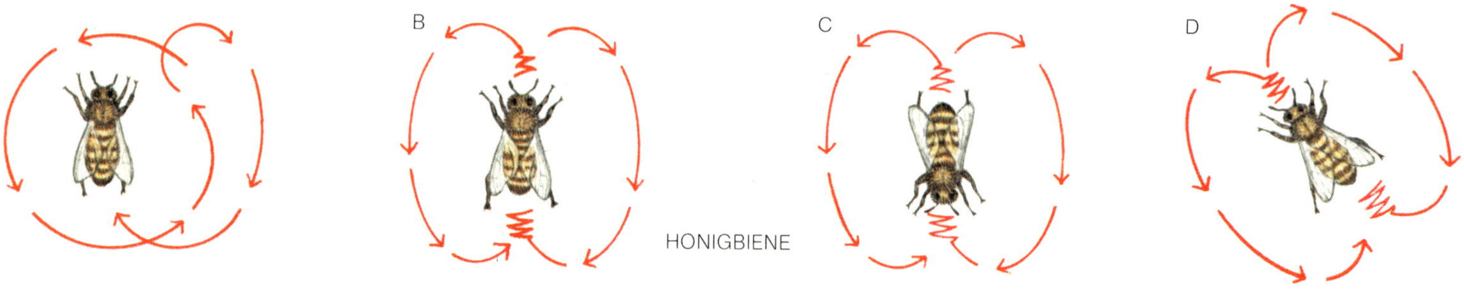

HONIGBIENE

MANDRILL

Der Gesichtsausdruck des Mandrills sagt anderen Tieren: Bleibt mir ja vom Leibe!

PRÄRIEHUHN

Während der Paarungszeit des Präriehuhns läuft der Hahn mit herabhängenden Flügeln und aufgeblasenen Luftsäcken auf und ab. Dabei läßt er tiefe Töne hören. Alle diese Signale sagen Hennen, daß der Hahn paarungsbereit ist.

WOLFSJUNGE

Mit bestimmten Signalen läßt ein Tier ein anderes wissen, daß es spielen möchte. Wenn ein männliches Wolfskind den Schwanz hebt, rollt sich das weibliche Junge auf den Rücken und hebt die Pfote. Dies ist eine Aufforderung zum Spielen.

Kommunikation

Tiere können sich auf vielerlei Weise miteinander verständigen. Sie erzeugen Laute, sondern Duftstoffe ab, machen Bewegungen, berühren einander, geben Lichtsignale, wechseln die Färbung. Sie zeigen einander an, zu welcher Gruppe sie gehören und wo sie sich befinden. Sie warnen andere Tiere davor, ihnen zu nahe zu kommen, und bekunden sehr deutlich, daß sie notfalls kämpfen werden. Tiere können signalisieren, daß Gefahr im Verzug ist, daß Hilfe gebraucht wird, daß sie hungrig sind oder daß sie bloß spielen wollen. Ob das Anlocken eines Partners gelingt, hängt oft davon ab, daß zur richtigen Zeit die richtigen Signale gegeben werden.

Tiere können einander genau informieren. Erstaunlich ist zum Beispiel, wie präzis Honigbienen einander über Futterquellen unterrichten. Wenn eine Suchbiene eine Futterquelle entdeckt hat, sammelt sie etwas Pollen und Nektar ein und fliegt zum Stock zurück. Damit ihre Kolleginnen dort erfahren, wo sie die Futterquelle zu suchen haben, beginnt die Sammlerin auf der Wabe zu tanzen.

Befindet sich die Futterquelle in nächster Nähe des Stokkes, so tanzt die Suchbiene in Kreisbogen nach links und nach rechts. Ein lange dauernder Tanz bedeutet: viel Futter entdeckt! Auf diesen Tanz reagieren andere Arbeitsbienen damit, daß sie die Tanzbewegungen der Tänzerin nachtanzen und von ihrem Körper den Futterduft aufnehmen. Dann fliegen sie aus und suchen die nahe Futterquelle.

Liegt die Futterquelle weit weg vom Stock, so meldet die zurückgekehrte Suchbiene dies durch einen komplizierteren Tanz in Achterfigur. Zuerst läuft sie mit einer Schwänzelbewegung ihres Körpers ein Stück geradeaus. Dann tanzt sie einen Halbkreis und läuft abermals im Schwänzellauf geradeaus. Hierauf macht sie einen Halbkreis nach der anderen Seite. Die Zahl der Tanzrunden zeigt die Entfernung der Futterquelle an. Wenige Umläufe bedeuten, daß sich die Futterquelle weit weg vom Stock befindet, viele Durchläufe bedeuten, daß sie sich in der Nähe des Stockes befindet.

Der Schwänzellauf gibt den Arbeitsbienen die Richtung zur Futterquelle an, und zwar in bezug auf den Stand der Sonne. Wenn die Tänzerin während des Schwänzellaufs an der Wabe senkrecht emporläuft, besagt dies, daß die Futterquelle in Richtung zur Sonne liegt. Läuft die Tänzerin in einem Winkel zur Lotrechten, beschreibt sie damit, daß die Futterquelle in diesem Winkel zur Sonnenrichtung zu finden ist. Die Arbeitsbienen erfahren von der Tänzerin genau, wo sie die Futterquelle finden können.

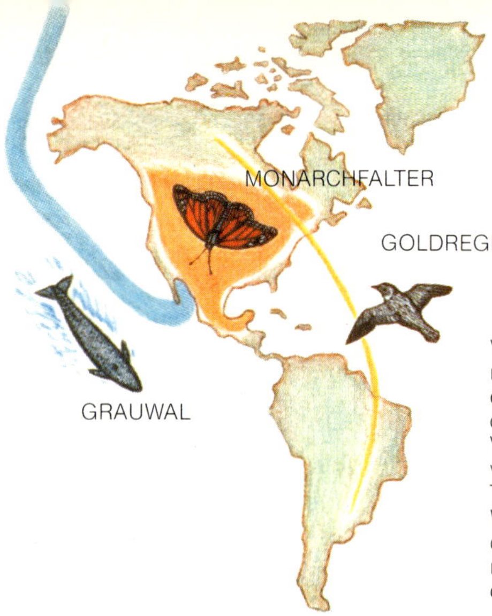

Viele Tiere unternehmen regelmäßig Wanderungen. Man nennt das Migration. Jedes Jahr wandern Schmetterlinge, Wale und Vögel und legen dabei Tausende von Kilometern zurück. Manche Tiere orientieren sich auf ihren Wanderzügen nach dem Stand der Sonne. Andere richten sich nach den Sternen und ziehen des Nachts.

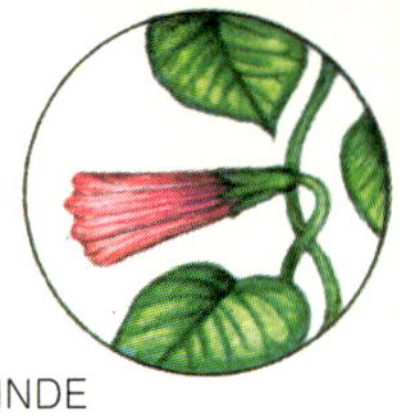

Viele Tiere und Pflanzen verhalten sich so, als ob sie die Tageszeit wüßten. Hähne krähen bei Sonnenaufgang, die Blüten der Purpurprunkwinde schließen sich nachmittags.

Tierwanderungen

Wie die Sammlerinnen bei den Honigbienen müssen viele Tiere nach erfolgreicher Nahrungssuche heimfinden. Manche Tiere orientieren sich dabei nach Steinen, Bäumen und anderen Landmarken. Andere Tiere setzen Duftmarken zur Kennzeichnung des Heimwegs zum Nest.

Die meisten Tiere wechseln regelmäßig oder unregelmäßig den Aufenthaltsort. Manche Tiere kehren niemals an dieselben Orte zurück. Manche können sich hervorragend orientieren und genau die Stelle wiederfinden, die sie vor Monaten oder gar Jahren verlassen haben.

Jedes Jahr unternehmen Vögel, Schmetterlinge, Wale, Lachse und viele andere Tiere Wanderungen zu bestimmten, Hunderte oder gar Tausende von Kilometern entfernten Orten. Lachse zum Beispiel schlüpfen in Flußläufen. Nach ein- bis zweijährigem Aufenthalt im Süßwasser schwimmen sie ins Meer und bleiben dort ein paar Jahre lang. Der laichreife Lachs kehrt dann wieder in sein Kindheitsgewässer zurück, um dort zu laichen. Bei solchen Wanderungen werden von Lachsen manchmal über 3000 km zurückgelegt.

Zum Laichen schwimmt der Lachs aus dem Meer in genau den Flußlauf zurück, in dem er geboren wurde.

Die Grabwespe prägt sich auf Flügen in Nestnähe Geländemarken wie Steine und Bäume ein, nach denen sie sich auf dem Heimweg orientiert.

Delphine senden Schallwellen aus, die von Objekten im Wasser zurückgeworfen werden. Der Delphin empfängt die Echos, und mit dieser Echoortung orientiert sich der Delphin über die Größe von Objekten und darüber, wo sie sich befinden.

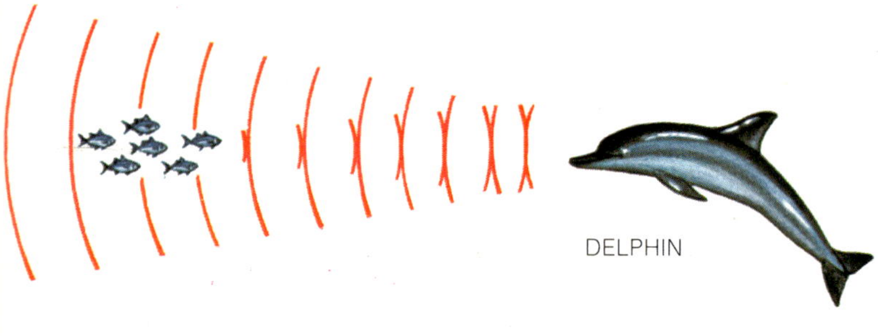

Chipmunks sind vor allem tagsüber aktiv. Andere Tiere, zum Beispiel Eulen, sind dämmerungs- oder nachtaktiv.

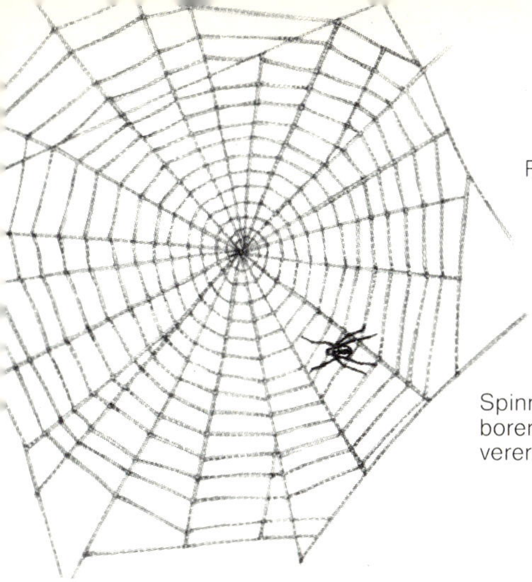

RADNETZSPINNE

Spinnen ist das Netzbauen angeboren. Ein Instinkt wie dieser wird vererbt, nicht erworben.

Anfangs fürchten sich Küken vor fallenden Blättern. Aber sobald sie gelernt haben, daß Blätter nicht gefährlich sind, haben sie keine Angst mehr vor ihnen.

WACHTELKÜKEN

Lernen

Spinnen können von Natur aus ihre Netze weben, das ist ihnen angeboren. Bienen bauen ihre Waben, und Vögel bauen ihre Nester, ohne daß sie es erst lernen müßten. Solche nicht erworbene, sondern ererbte Fähigkeit bezeichnet man als Instinkt.

Aber Tiere sind nicht ausschließlich auf ihre Instinkte angewiesen — sie können auch lernen. Lernen bedeutet, daß Informationen aufgenommen und im Gedächtnis gespeichert werden, die bei Bedarf für Handlungen abgerufen werden können. Zum Beispiel lernen erwachsene Tiere, ihre Jungen zu erkennen. Das ist sehr wichtig, denn in großen Gruppen mit vielen Jungtieren müssen Eltern ihre eigenen hungrigen Kinder erkennen, damit sie sie füttern können.

Meist verändert sich durch Lernen das Verhalten eines Tieres. Vögel haben anfangs Angst vor Vogelscheuchen. Doch nach einer Weile gewöhnen sie sich an sie, denn sie lernen, daß sie sie nicht zu fürchten brauchen.

Manche Tiere lernen auch, Objekte als Werkzeuge zu benutzen. Schimpansen beispielsweise benutzen dünne Ästchen zum Insektenangeln und Stöcke als Waffen.

geöffnete Nuß

Durch Versuch und Irrtum lernen Grauhörnchen, wie sie an den Kern in einer Nußschale am schnellsten herankommen können.

GRAUHÖRNCHEN

Der erste schmerzhafte Stich lehrt die Kröte, daß Erdhummeln nicht die richtige Beute für sie sind.

FOWLER-KRÖTE

ERDHUMMEL

Eben geschlüpfte Gänschen laufen dem ersten sich bewegenden Objekt nach, das sie erblicken. In diesem Fall ist es eine Ente. Sie werden in bezug auf ihre Nachfolgereaktion auf diese Ente geprägt und betrachten sie als ihre Mutter.

JUNGE KANADAGÄNSE

KRICKENTE

Der Seeotter knackt Muschelschalen mit einem Stein. Auf dem Rücken im Wasser schwimmend, schlägt der Otter die Schalen auf den Stein, bis sie aufgehen.

SEEOTTER

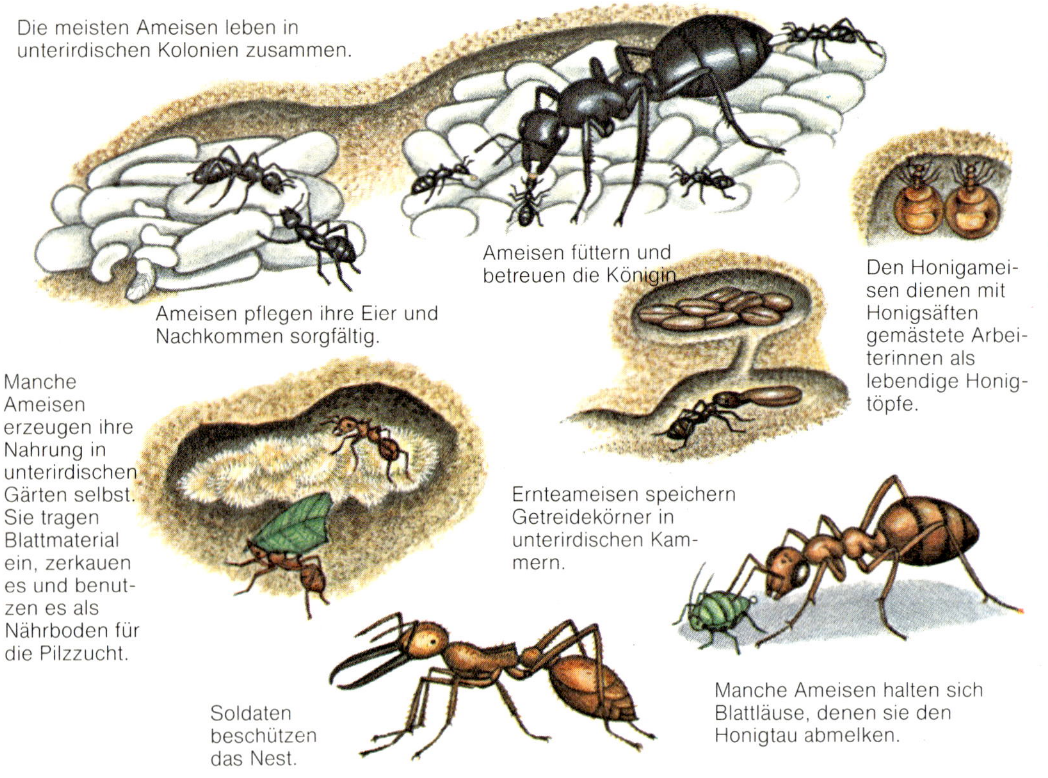

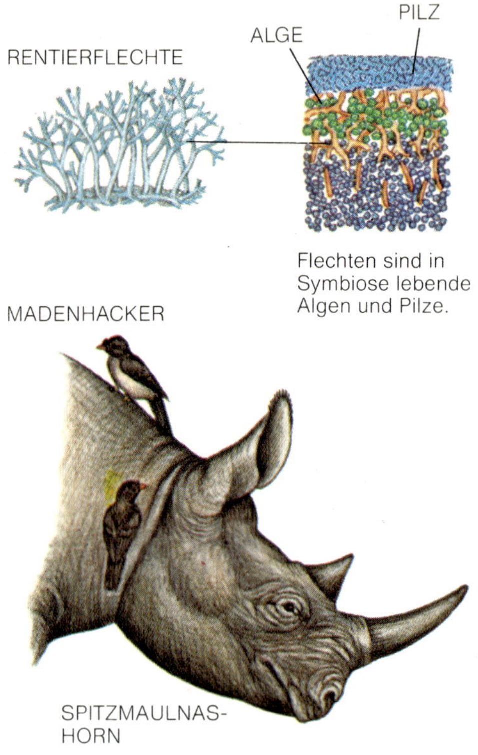

Zusammenleben

Die meisten Tiere verbringen zumindest einen Teil ihres Lebens in einer Gruppe. Vogelschwärme, Säugetierherden und Fischschwärme (auch „Schulen" genannt) sind solche Gruppen. In der Gruppe können sich Tiere gegenseitig schützen, und Zusammenarbeit beim Jagen von lebender Beute ist günstig für die Nahrungsbeschaffung. Im Winter drängen sich Tiere dicht aneinander und wärmen sich gegenseitig.

Ameisengesellschaften

Es gibt viele Milliarden von Ameisen auf der Erde. Die meisten Ameisen leben in unterirdischen Kolonien. Manche Ameisenstaaten haben mehrere Königinnen, manche nur eine. Die Königin legt die Eier, aus denen Arbeiterinnen und Soldaten hervorgehen.

Die Arbeiterinnen haben viel zu tun. Sie bauen das Nest und halten es instand. Manche sammeln Nahrung, andere füttern und umsorgen die Königin. Arbeiterinnen müssen auch die Brut aufziehen. Das Nest wird von den Arbeiterinnen und Soldaten beschützt.

Es gibt viele verschiedene Arten von Ameisengesellschaften. In einer bestimmten Ameisengesellschaft zum Beispiel rauben die Ameisen die Eier und Puppen anderer Ameisenarten und schleppen sie in ihre Behausung. Die aus der Beute hervorgehenden Arbeiterinnen werden in manchen Fällen als Sklaven gehalten.

Treiberameisen ziehen auf Nahrungssuche in Kolonnen umher. Ein Treiberameisen-Heer kann viele Hunderttausende von Ameisen umfassen. Sie haben keine ständige Wohnstätte, sondern legen Wandernester an, die sie nur vorübergehend benutzen.

Blattschneiderameisen fressen Proteine, die sich in bestimmten Pilzen bilden (S. 71). Diese Pilze züchten sie in unterirdischen Gärten. Die kleinsten Ameisen pflegen die Pilzkulturen. Größere Ameisen verlassen das Nest, schneiden Stücke aus Blättern heraus und tragen sie ins Nest ein. Dort wird das Blattmaterial zerkaut und dann zur Anlage von Mistbeeten für die Pilzzucht verwendet. Die größten Ameisen halten Wache und beschützen Nest und Gärten.

Symbiose

Manchmal leben artverschiedene Organismen in sehr enger Verbindung zusammen. Solche zeitweiligen oder dauernden Verbindungen nennt man symbiotisch. „Symbiose" heißt „Zusammenleben".

Symbiotische Verbindungen können für beide Tiere vorteilhaft sein. Madenhacker zum Beispiel klettern auf dem

Manchmal leben artverschiedene Organismen eng zusammen. Wenn der Madenhacker dem Nashorn Zecken von der Haut frißt, profitieren davon beide Partner. Aber wenn ein Kuckuck im Nest eines fremden, kleineren Vogels schlüpft, verdrängt er bald die Jungen des Wirtsvogels aus dem Nest und frißt das von den Pflegeeltern herangeschaffte Futter selber.

MISTEL

Die Mistel entnimmt anderen Pflanzen Nährstoffe.

KUCKUCK

FLUNDER

auf dem Sand

SCHMUCK-KRABBE

Um Freßfeinden zu entgehen, suchen viele Tiere Stellen auf, wo sie in Färbung oder Zeichnung in die Umgebung eingepaßt sind.

Tiere schützen sich auf mannigfaltige Art. Die meisten versuchen, ihre Verfolger abzuschrecken, bevor es zum Kampf kommt. Der Caligo-Falter schreckt Tiere dadurch ab, daß er so aussieht wie eine große Kanincheneule.

CALIGO-FALTER

KANINCHENEULE

ROTKEHL-ANOLIS

Der Rotkehl-Anolis rechts verleiht sich ein bedrohliches Aussehen und bringt dadurch den anderen Anolis zum Nachgeben.

Rücken von Nashörnern umher, lesen ihnen die Zecken von der Haut ab und fressen das Ungeziefer. Davon profitieren beide Partner. Die Nashörner werden die lästigen Zecken los, die Madenhacker haben zu fressen.

Eine Flechte ist eine Pflanze, bei der es sich um eine Alge und einen Pilz handelt, die in Symbiose leben. Durch Photosynthese produziert die Alge Nahrung für den Pilz, und der Pilz nimmt das Wasser und die Mineralstoffe auf, die die Alge benötigt.

Eine andere Art der Symbiose, der Parasitismus (Schmarotzertum), ist für den einen Partner von Vorteil, für den anderen aber von Nachteil. Der schädigende Teil (Tier oder Pflanze) wird als Parasit oder Schmarotzer bezeichnet, der geschädigte Teil als Wirt. Parasiten leben in oder an ihren Wirten, und zwar stets auf deren Kosten. Viele Krankheitserreger, zum Beispiel Bandwürmer (S. 72), leben in ihren Wirten. Die Seide ist eine Schmarotzerpflanze; sie umschlingt ihre Wirtspflanze und entnimmt ihr Wasser und Mineralstoffe.

Ein Jungkuckuck lebt als Schmarotzer, wenn er aus einem Ei geschlüpft ist, das seine Mutter in das Nest eines fremden, kleineren Vogels gelegt hat. Der junge Kuckuck wird von dem Wirtsvogel gefüttert. Da der Kuckuck schnell wächst, kann er die Jungen des kleineren Vogels aus dem Nest werfen und alles, was der Wirtsvogel an Nahrung herbeischafft, selber fressen.

Selbstschutz

Einerlei, ob Tiere allein, in Gruppen oder mit einem artfremden Tier in einer Gemeinschaft leben — sie müssen sich dagegen schützen, daß sie von anderen Tieren als Nahrung erbeutet werden. Ein angegriffenes Tier wird sich wehren, so gut es kann. Sein Nervensystem muß sämtliche Aktivitäten koordinieren, mit denen es auf den Angriff reagiert. Bei vielen Tieren bewirkt ein Angriff eine Ausschüttung des Hormons Adrenalin, woraufhin das Blut mehr Zucker zum Herzen und zu Skelettmuskeln befördert. Dadurch wird sofort zusätzliche Energie verfügbar, die das Tier für sein Schutzverhalten nutzen kann. Manche Tiere flüchten schnell bei Gefahr, andere bleiben an Ort und Stelle und kämpfen um ihr Leben.

Oft schützen sich Tiere, indem sie Freßfeinde täuschen. Manche suchen Umgebungen auf, wo sie durch ihre Färbung und Zeichnung bestens getarnt und schwer zu entdecken sind. Viele kleine Tiere schrecken Freßfeinde dadurch ab, daß sie in Form und Färbung größere Tiere oder giftige Tiere nachahmen.

Die meisten Tiere haben ein Revier, das sie gegen Eindringlinge verteidigen. Nähert sich ein Eindringling, so gibt das revierbesitzende Tier mit deutlichen Signalen zu erkennen, daß es kämpfen und sein Revier verteidigen wird, wenn es sein muß. Meist geht die Sache dann kampflos aus, weil eines der Tiere weicht.

Baupläne des Lebens

Jedes Lebewesen, ob Pflanze oder Tier, beginnt sein Leben als eine einzelne Zelle, die sämtliche für sein Wachstum und seine Entwicklung notwendigen Informationen enthält. Träger dieser Information sind DNS-Moleküle.

DNS

DNS ist die Kurzbezeichnung der Desoxyribonukleinsäure. Jedes DNS-Molekül besteht aus Nukleotiden, die zu langen Strängen verknüpft sind. Im DNS-Molekül gibt es vier verschiedene Basen: Adenin (A), Thymin (T), Guanin (G) und Cytosin (C).

Jedes DNS-Molekül ist aus zwei Strängen von Nukleotiden aufgebaut, die zu einer Doppelspirale gewunden sind (so ähnlich wie eine Wendeltreppe). Die Stränge sind durch Brücken von Basenpaaren miteinander verbunden. Weist die eine Hälfte einer Brücke Adenin (A) auf, so weist die andere Hälfte Thymin (T) auf und umgekehrt. Weist die eine Hälfte Cytosin (C) auf, weist die andere Guanin (G) auf. Durch die Paarung A-T und G-C entstehen schwache Bindungen, die zum Zusammenhalt der beiden Stränge beitragen. DNS-Moleküle können sehr lang sein und sehr viele Nukleotide enthalten.

Die zur Proteinbildung in einer Zelle erforderliche Information ist in der DNS dieser Zelle enthalten. Diese Information ist in einem sehr einfachen chemischen Code verschlüsselt. Wie dieser Code funktioniert, zeigt die Abb. auf dieser Seite. Die Reihenfolge der Basen an einem Strang hat sehr große Bedeutung, weil sie bestimmt, wie ein Protein gebildet wird (S. 23).

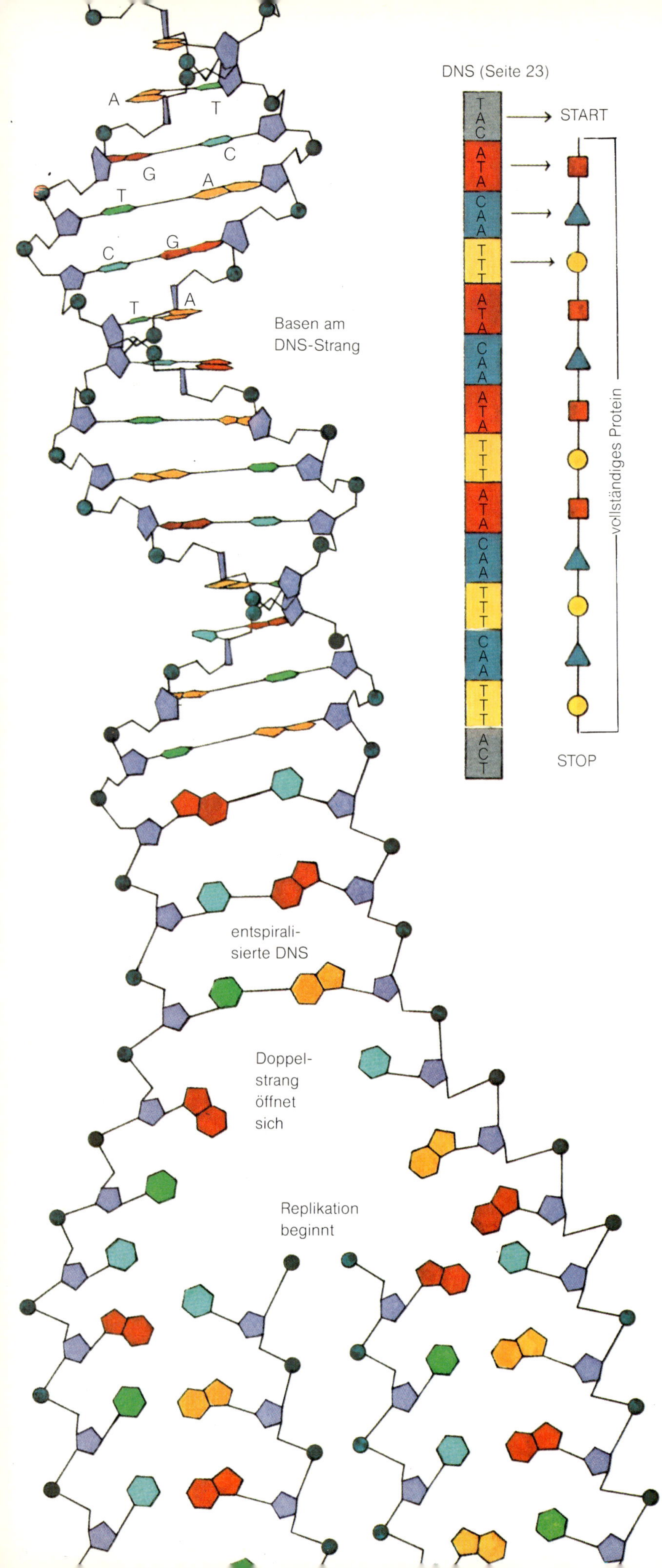

DNS DNS-Moleküle im Zellkern – links ist ein solches DNS-Molekül abgebildet – tragen die Baupläne für die Bildung von Proteinen und anderen Bestandteilen der Zelle. Die Baupläne sind in einem chemischen Code verschlüsselt, der mit vier Arten von Basen arbeitet: Adenin (A), Thymin (T), Guanin (G) und Cytosin (C). Jeweils drei an einem Strang aufeinanderfolgende Basen ergeben die Code-„Wörter". Wie oben gezeigt, kennzeichnen diese Code-„Wörter", wo die Bildung des Proteins zu beginnen und wo sie zu enden hat und wie die Aminosäuren in dem Protein zu verknüpfen sind.

Chromosomen

Bakterien und andere einfache Organismen haben meist nur ein DNS-Molekül. Aber die meisten pflanzlichen und tierischen Zellen haben mehr als ein DNS-Molekül als Träger aller benötigten Informationen im Zellkern. Jedes einzelne DNS-Molekül ist durch besondere Proteine geschützt. Zusammen bilden sie ein Chromosom. Katzenzellen haben insgesamt 32 Chromosomen, Hundezellen haben 78, eine Mohrrübenzelle hat 18, und unsere Zellen haben 46.

Zellteilung

Zellen vermehren sich, indem sie sich in zwei identische Tochterzellen teilen. Damit die Tochterzellen identisch sind, muß jede Tochterzelle einen kompletten Satz von DNS-Molekülen haben, die die Baupläne für alle Zellbestandteile enthalten. Also muß eine Zelle vor der Teilung von jedem ihrer Chromosomen ein Duplikat machen.

Replikation

Der Vorgang, durch den Duplikate von DNS-Molekülen entstehen, wird als Replikation bezeichnet. Zu Beginn der Replikation beginnt ein besonderes Protein, ein DNS-Molekül zu entspiralisieren. Während der Entspiralisierung der DNS lösen sich die Stränge reißverschlußartig voneinander. Diesen Prozeß zeigt der untere Teil der Abbildung des DNS-Moleküls auf S. 66.

Wie wir sehen, beginnt sich neben dem offenen Strang rechts ein neuer DNS-Strang zu bilden. Besondere Enzyme fügen diesen Strang zusammen, indem sie Adenin an Thymin und Guanin an Cytosin anlagern. Dasselbe geschieht neben dem offenen Strang links. Dieser Vorgang setzt sich fort, bis das ganze DNS-Molekül kopiert ist.

Wenn die Replikation abgeschlossen ist, trennen sich die zwei Einheiten nicht voneinander. Vielmehr hält eine ringartige Struktur, Centromer genannt, sie zusammen, während in der Zelle die Teilung vorbereitet wird.

Mitose

Den ersten Teil der Zellteilung bezeichnet man als Mitose oder Kernteilung. Während der Mitose lösen sich die Kernmembranen auf, und die duplizierten Chromosomen ordnen sich in der Mitte der Zelle an. Dann ziehen besondere Fasern die Chromatiden (Halbchromosomen) voneinander weg. Es entstehen zwei identische Sätze von DNS-Molekülen. Nachdem diese Sätze voneinander getrennt sind, bildet sich um jeden Satz ein neuer Kern.

Während des zweiten Teils der Zellteilung, der Zytokinese, schnürt sich die Zelle in der Mitte durch und teilt sich in zwei Tochterzellen.

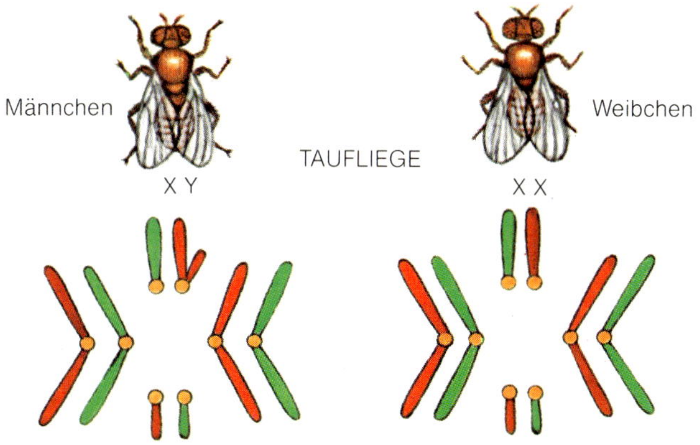

CHROMOSOMEN Diese Taufliegen, Bruder und Schwester, haben 8 Chromosomen im Kern ihrer Zellen. Vier stammen von ihrem Vater (rot) und vier von ihrer Mutter (grün). Die X-Chromosomen und das Y-Chromosom sind die Geschlechtschromosomen.

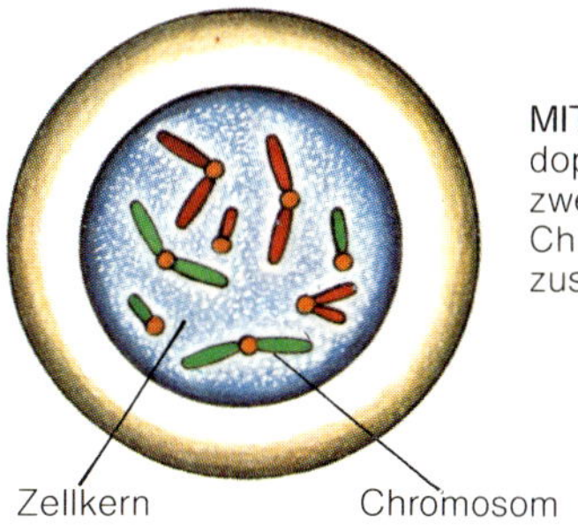

MITROSE Bevor sich die Zelle teilt, verdoppelt sich jedes ihrer Chromosomen zu zwei gleichen Chromatiden. Diese zwei Chromatiden werden durch ein Centromer zusammengehalten.

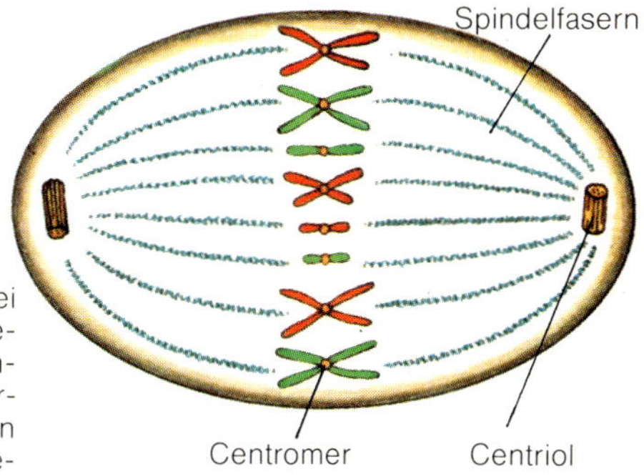

Während der Mitose wandern zwei Centriolen zu einander gegenüberliegenden Seiten der Zelle. Die Kernmembranen lösen sich auf. Die verdoppelten Chromosomen ordnen sich in der Mitte der Zelle an. Von jedem Centriol ausgehende Spindelfasern verbinden sich mit den Centromeren und ziehen die Chromatiden auseinander. Es sind zwei komplette Sätze entstanden.

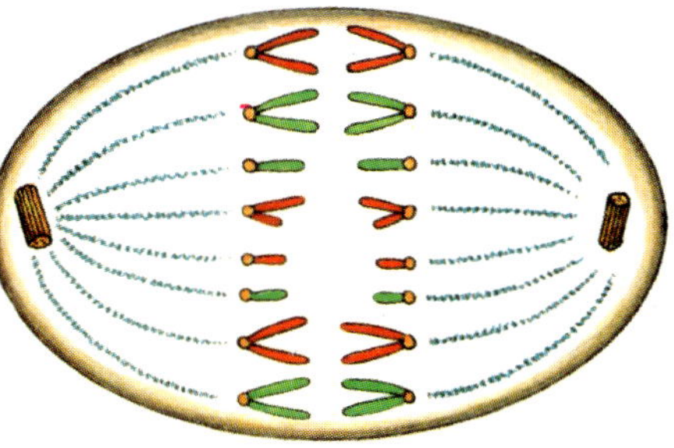

Um jeden Chromosomensatz bildet sich ein neuer Kern. Dann schnürt sich die Zelle in der Mitte durch und teilt sich in zwei identische Tochterzellen.

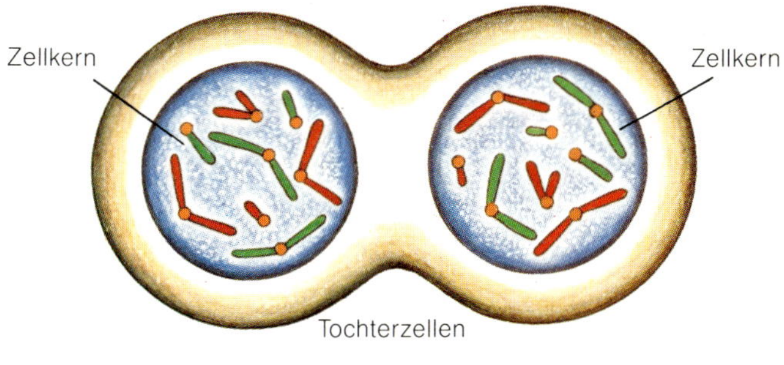

Unsere DNS

Der Mensch beginnt sein Leben als eine einzelne Zelle im Mutterleib. Diese Zelle enthält 46 Chromosomen. Dreiundzwanzig dieser Chromosomen stammen vom Vater, 23 von der Mutter. Die Chromosomen vom Vater enthalten dessen Satz von Instruktionen für die Ausbildung aller Teile unseres Körpers. Die Chromosomen von der Mutter enthalten deren Satz von Instruktionen für die Ausbildung derselben Körperpartien.

Diese einzelne Zelle also teilt sich in zwei identische Zellen. Jede dieser Zellen teilt sich wiederum, das ergibt vier Zellen. So geht es weiter, bis der Körper des neuen Lebewesens bei der Geburt Millionen von Zellen hat. Im Kern jeder dieser Zellen befindet sich eine Kopie des kompletten Satzes von 46 Chromosomen.

An einem bestimmten Punkt in der Entwicklung des ungeborenen Menschen beginnen sich die Zellen seines Körpers zu differenzieren. Manche Zellen werden zu Muskelzellen, manche zu Nervenzellen, aus anderen formt sich der Magen. Die Differenzierung der Zellen schreitet fort, bis alle Gewebe und Organe entstanden sind, die der Körper braucht.

Die Körperzellen des Ungeborenen können sich differenzieren, weil jede Zellart aus den 46 Chromosomen die Information auswählen kann, die sie benötigt, um ihre Aufgabe zu erfüllen. Zellen in der Bauchspeicheldrüse zum Beispiel verwenden die Information, die ihnen sagt, wie sie Insulinmoleküle bilden sollen. Diese Information wird von keiner anderen Zelle im Körper benutzt, obwohl sie in den DNS-Molekülen in jeder Zelle vorliegt.

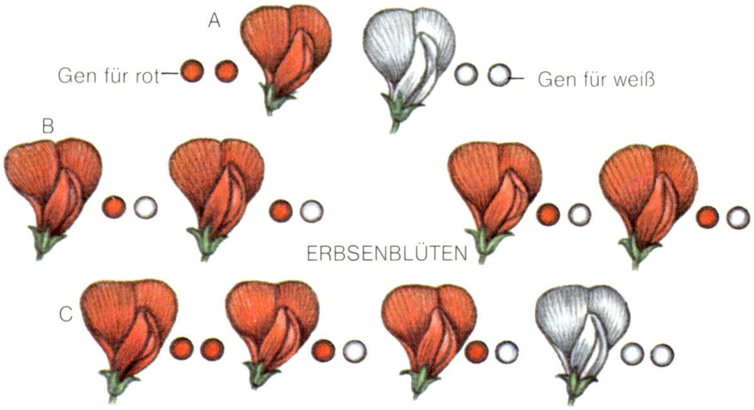

Kreuzt man eine rotblühende Erbse mit einer weißblühenden Erbse (A), so erhält man nur rotblühende Pflanzen (B). Werden zwei dieser rotblühenden Pflanzen (B) unter sich gekreuzt (C), haben 3/4 der neuen Pflanzen rote Blüten, und 1/4 hat weiße Blüten.

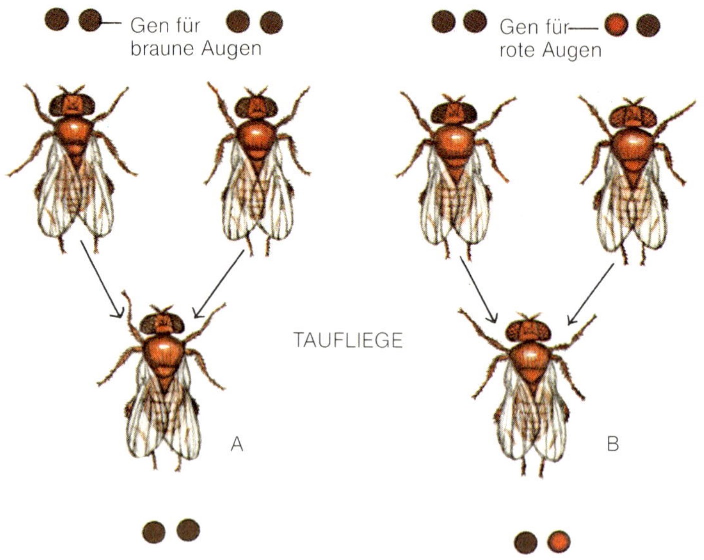

GENE Eine Taufliege wird braune Augen haben (A), wenn sie von jedem Elternteil ein Gen für braune Augen erhält. Wenn das väterliche Gen ein Gen für braune Augen ist und das mütterliche Gen eines für rote Augen, wird die Taufliege rote Augen haben (B). Die farbigen Kreise stellen die Gene dar.

Gene

Eine Zelle kann genau die von ihr benötigte Information aus ihren DNS-Molekülen auswählen, weil Chromosomen Untereinheiten haben, die man als Gene bezeichnet. Jedes Gen enthält den Bauplan für die Herstellung einer Molekülart. Es gibt Gene für Hämoglobin, Gene für Pepsin, Gene für Antikörper, Gene für jedes Hormon. Gene liegen auf Gen enthält den Bauplan für die Herstellung einer Molekülart. Es gibt Gene für Hämoglobin, Gene für Pepsin, Gene für Antikörper, Gene für jedes Hormon. Gene liegen auf Chromosomen wie Bahnhöfe an Eisenbahnstrecken. Und wie man Bahnhöfe auf Karten eintragen kann, so kann man lokalisieren, wo verschiedene Gene auf unseren Chromosomen liegen.

Zwei Sätze von Instruktionen

Die Gene, die der Mensch von seinen Eltern mitbekommt, können manchmal identische Instruktionen tragen. Bei einem Menschen mit blauen Augen beispielsweise stammt ein Gen für blaue Augen vom Vater und ein Gen für blaue Augen von der Mutter.

Die Gene können aber auch verschiedene Instruktionen tragen. Hat ein Mensch vom Vater ein Gen für blaue Augen und von der Mutter ein Gen für braune Augen erhalten, so hat er braune Augen. Das Gen für braune Augen bezeichnet man als das dominante Gen, weil seine Wirkung vorherrscht: Es überdeckt das andere Gen. Das Gen für blaue Augen nennt man das rezessive Gen, weil es sich nicht durchsetzen konnte, obwohl es in der DNS vorhanden war.

Zwei der Chromosomen, die der Mensch von seinen Eltern mitbekommt (eines von jedem Elternteil), bestimmen sein Geschlecht. Bei den Geschlechtschromosomen gibt es X-Chromosomen und Y-Chromosomen. Ein weibliches Individuum hat zwei X-Chromosomen in jeder Zelle, ein männliches hat ein X- und ein Y-Chromosom in seinen Zellen. Im männlichen Geschlecht stammt immer das Y-Chromosom vom Vater und das X-Chromosom von der Mutter. Das weibliche Geschlecht erhält von jedem Elternteil ein X-Chromosom.

Meiose

Der Mensch gibt seine Gene an seine Kinder weiter. Das kann aber nicht mit allen 46 Chromosomen geschehen, die er hat, denn sonst würden die Zellen seiner Kinder zu viele Chromosomen aufweisen. Der menschliche Körper bildet besondere Zellen, die nur 23 Chromosomen haben. Im männlichen Geschlecht sind das die Samenzellen, die seine 23 Chromosomen weitergeben, und im weiblichen Geschlecht sind es die Eizellen, die dessen 23 Chromosomen weitergeben.

Der Prozeß, durch den Samenzellen und Eizellen entstehen, wird Meiose genannt. Einige Phasen dieses Vorgangs sind unten dargestellt. Bei der Meiose kommt es zu zwei Zellteilungen, nicht nur zu einer Zellteilung. Jede Eizelle oder Samenzelle, die bei der Meiose entsteht, hat einen kompletten Satz von DNS-Instruktionen, der in 23 Chromosomen enthalten ist. Dieser Satz ist aber weder der ganze väterliche Satz noch der ganze mütterliche Satz. Vielmehr handelt es sich um einige der vom Vater stammenden Chromosomen und um einige der von der Mutter stammenden Chromosomen. Bei der Meiose kommt es also zu einer ungleichen Verteilung von väterlichen und mütterlichen Chromosomen, und es gibt da viele verschiedene Kombinationen.

Artgleiche Nachkommen

Alle Lebewesen pflanzen sich fort. Fortpflanzung heißt, daß neue Individuen der Art entstehen. Sehr einfache Organismen pflanzen sich durch Teilung in zwei identische Zellen fort. Viele andere Organismen produzieren Samenzellen und Eizellen, die ihre DNS-Moleküle an die nächste Generation weitergeben. Die geschlechtliche Fortpflanzung erfolgt durch zwei Elternteile, die beide derselben Art oder Spezies angehören müssen, denn nur dann haben die beiden Geschlechter die richtigen Baupläne in ihren DNS-Molekülen, aus denen Nachkommen der Art entstehen können.

MEIOSE Den Prozeß, aus dem Samen- und Eizellen hervorgehen, bezeichnet man als Meiose. In der Abbildung unten werden aus der Zelle links (Phase 1) vier Samenzellen entstehen. Die Abb. zeigt diese Zellen mit nur zwei Chromosomenpaaren. Ein Paar sind die Geschlechtschromosomen X und Y. Das andere Paar trägt die Gene für Augenfarben — ein Gen für braune Augen, ein Gen für blaue Augen. In Phase 2 wird jedes Chromosom in zwei identische Teile gespalten. Die zwei Teile werden durch ein Centromer zusammengehalten. Während der ersten meiotischen Teilung (Phase 3) trennen sich die Paare, während der zweiten (Phase 4) trennen sich die Chromatiden. Alle Zellen in Phase 5 werden zu Samenzellen. Bei der Befruchtung wird dann eine Samenzelle in die Eizelle rechts eindringen. Wenn es eine Samenzelle mit einem X-Chromosom ist, wird das Kind ein Mädchen mit braunen Augen sein. Handelt es sich um eine Samenzelle mit einem Y-Chromosom, wird es ein Junge mit blauen Augen.

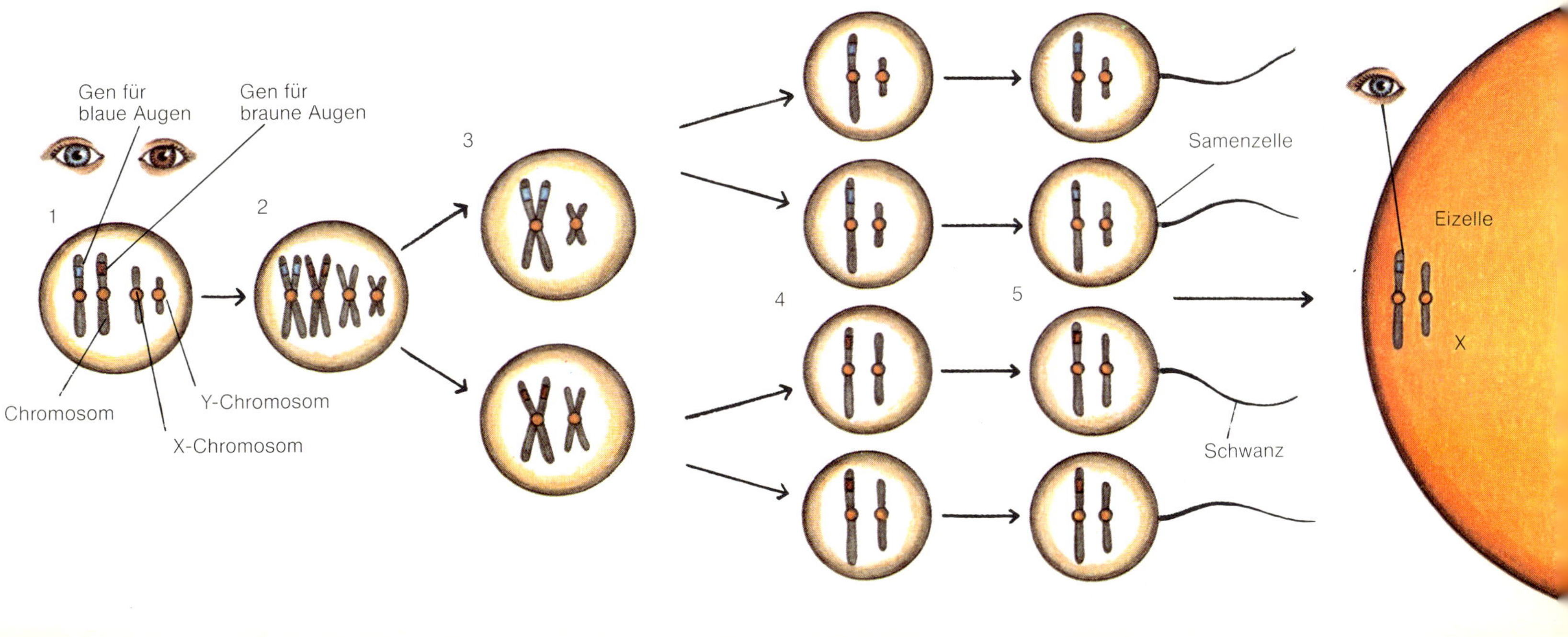

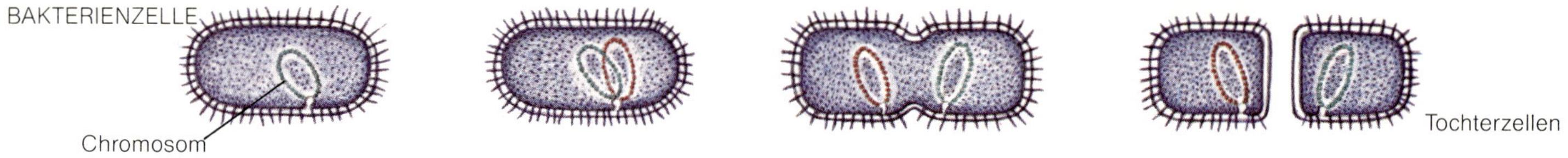

AUS EINEM WERDEN ZWEI Bakterien machen ein Duplikat von ihren Chromosomen. Dann spalten sie sich durch Zweiteilung in zwei identische Zellen.

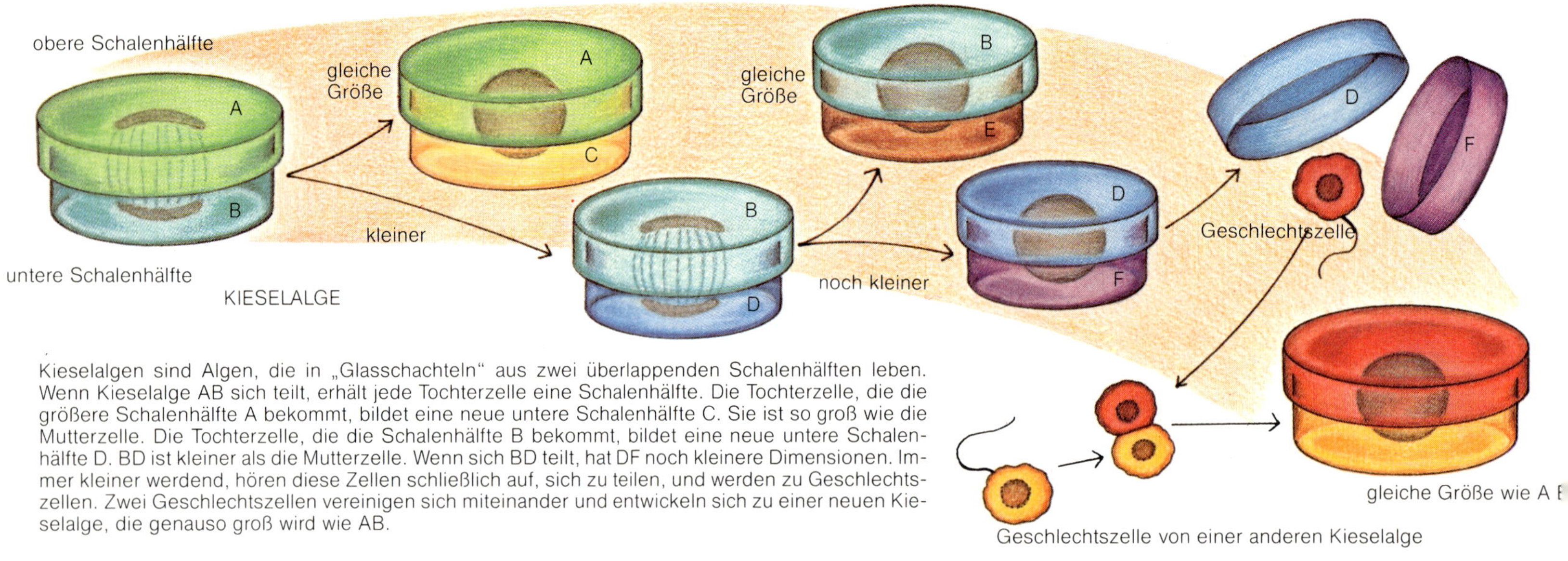

Kieselalgen sind Algen, die in „Glasschachteln" aus zwei überlappenden Schalenhälften leben. Wenn Kieselalge AB sich teilt, erhält jede Tochterzelle eine Schalenhälfte. Die Tochterzelle, die die größere Schalenhälfte A bekommt, bildet eine neue untere Schalenhälfte C. Sie ist so groß wie die Mutterzelle. Die Tochterzelle, die die Schalenhälfte B bekommt, bildet eine neue untere Schalenhälfte D. BD ist kleiner als die Mutterzelle. Wenn sich BD teilt, hat DF noch kleinere Dimensionen. Immer kleiner werdend, hören diese Zellen schließlich auf, sich zu teilen, und werden zu Geschlechtszellen. Zwei Geschlechtszellen vereinigen sich miteinander und entwickeln sich zu einer neuen Kieselalge, die genauso groß wird wie AB.

Fortpflanzung

Bakterien sind die kleinsten einzelligen Organismen. Viele sind stäbchen-, zylinder- oder eiförmig. Manche Bakterien rufen Krankheiten hervor, die meisten jedoch tun es nicht. Bakterien besitzen in der Regel ein einziges ringförmiges Chromosom. Bevor sich ein Bakterium teilt, entsteht ein Duplikat dieses Chromosoms. Nachdem sich das Duplikat vom Original getrennt hat, bilden sich nahe der Zellmitte eine Trennwand durch die Zelle. Dort lösen sich dann die zwei identischen Zellen voneinander. Dieser Prozeß, als Zweiteilung bezeichnet, ist eine Form der ungeschlechtlichen Fortpflanzung. An der ungeschlechtlichen Fortpflanzung ist nur eine Elternzelle beteiligt und folglich auch nur deren DNS.

Algen

Die kleinsten pflanzlichen Organismen sind die Algen. Wie Pflanzenzellen führen Algen die Photosynthese durch. Manche Algen leben als einzelne Zellen, andere vereinigen sich zu Kolonien. Algen wachsen im Erdreich, in Süßwasser und in Salzwasser. Manche Algen besiedeln sehr kalte Standorte, andere können in 70 Grad C heißen Thermalquellen überleben.

Es gibt Blaualgen, Grünalgen, Rotalgen und Braunalgen. Die Farbe des Roten Meeres kommt von den in ihm lebenden Rotalgen. Die chemischen Stoffe, die die verschiedene Färbung bei Algen erzeugen, nehmen Energie vom Licht auf und übermitteln sie an Chlorophyllmoleküle. Fünfzig Prozent des Sauerstoffs, der auf der Erde während der Photosynthese entsteht, rührt von Algen her.

Die Kieselalgen sind die häufigsten Algen. Ihr Panzer ist eine Art „Glasschachtel" aus einer unteren und einer darübergreifenden oberen Schalenhälfte. Beide Hälften bestehen aus farblosem, gallertartigem Pektin und glasartiger Kieselerde.

Wenn Kieselalgen sich auf ungeschlechtlichem Wege vermehren, erhält jede neue Zelle ein Duplikat der DNS-Moleküle und eine Schalenhälfte. Diejenige neue Zelle, die die größere Schalenhälfte bekommt, bildet eine neue untere Schalenhälfte und ist so groß wie die Mutterzelle. Die andere neue Zelle, die die kleinere Schalenhälfte bekommt, bildet ebenfalls eine neue untere Schalenhälfte. Aber diese Tochterzelle wird jedesmal kleiner sein als die Mutterzelle. Nach vielen Teilungen sind die „schrumpfenden" Zellen zu klein. Sie hören auf, sich ungeschlechtlich fortzupflanzen, und werden zu Geschlechtszellen. Sie bilden schwanzartige Geißeln aus, nachdem sie ihre Schalen abgeworfen haben, und begeben sich schwimmend auf die Suche nach einer anderen Geschlechtszelle. Wenn sich zwei Geschlechtszellen finden, legen sie sich aneinander und vereinigen die DNS-Moleküle in ihren Kernen. Die daraus entstehende neue Kieselalge wächst zur ursprünglichen Größe heran. An der geschlechtlichen Fortpflanzung sind Geschlechtszellen beteiligt, was immer bedeutet, daß sich die DNS-Moleküle von zwei Elternzellen zu einer neuen Zellen verbinden.

Pilze

Ständerpilze, Schimmelpilze, die Penizillin bildenden Pilze, Hefen — sie alle bezeichnet man als Pilze. Manche Pilze, zum Beispiel die Ständerpilze, sehen zwar wie Pflanzen aus, sind aber keine: Pilzzellen haben kein Chlorophyll und können ihre Nahrung nicht selbst herstellen. Pilze beschaffen sich ihre Nahrungsstoffe, indem sie sie anderen lebenden Zellen oder den Überresten toter Pflanzen und Tiere entnehmen. Wenn Pilze abgestorbenes Material zerlegen, tragen sie zur Rückführung von Elementen wie dem Kohlenstoff in den großen Kreislauf der Stoffe bei.

Ständerpilze

Der Vegetationskörper eines Pilzes, das Myzel, besteht aus dünnen Fäden unter der Erdoberfläche. Diese Fäden wachsen in allen Richtungen und geben Enzyme ab, die Material von toten Pflanzen und Tieren abbauen.

Der schirmartige Teil des Pilzes wächst über dem Erdboden, jedoch erst, nachdem im Boden eine geschlechtliche Fortpflanzung stattgefunden hat. Zur geschlechtlichen Fortpflanzung müssen Fortpflanzungsfäden zweier Pilze aufeinander zuwachsen, bis sie aufeinandertreffen. Aus ihrer Vereinigung geht eine neue Zelle hervor, die die DNS von jedem der beiden Pilze enthält. Die neue Zelle teilt sich und entwickelt sich zu dem Pilz, den wir über der Erde sehen.

Früh in seiner Entwicklung ist dieser Pilz von einem dünnen Gewebe umhüllt. Erst sieht der Pilz wie ein kleiner weißer Knopf aus. Das Gebilde wächst, das dünne Gewebe reißt, und Stiel und Hut erscheinen. An der Unterseite des Hutes hängen Lamellen. Jede Lamelle enthält Zellen, die winzige Sporen ausbilden. Die Sporen tragen die DNS-Baupläne für die Bildung neuer Myzelien im Boden.

Reife Sporen werden in die Zwischenräume zwischen den Lamellen abgegeben. Manche fallen auf die Erde, aber die meisten sind so leicht, daß der Wind sie fortträgt. Ein Pilz kann mehrere Tage hintereinander täglich Millionen von Sporen verstreuen. Jede Spore vermag unter geeigneten Bedingungen einen neuen Pilz zu bilden, aber die meisten Sporen landen an Orten, die nicht die erforderlichen Voraussetzungen erfüllen. Sporen brauchen Feuchtigkeit und die richtige Temperatur, damit sie aufplatzen und wachsen können.

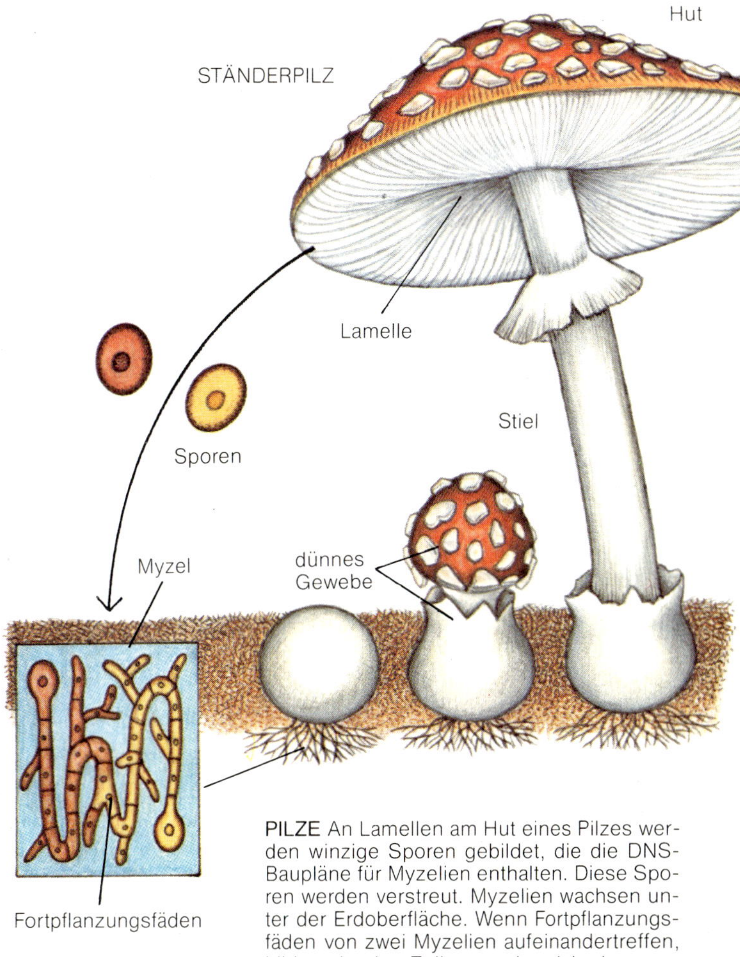

PILZE An Lamellen am Hut eines Pilzes werden winzige Sporen gebildet, die die DNS-Baupläne für Myzelien enthalten. Diese Sporen werden verstreut. Myzelien wachsen unter der Erdoberfläche. Wenn Fortpflanzungsfäden von zwei Myzelien aufeinandertreffen, bilden sie eine Zelle, aus der sich ein neuer Pilzstiel und Pilzhut entwickeln.

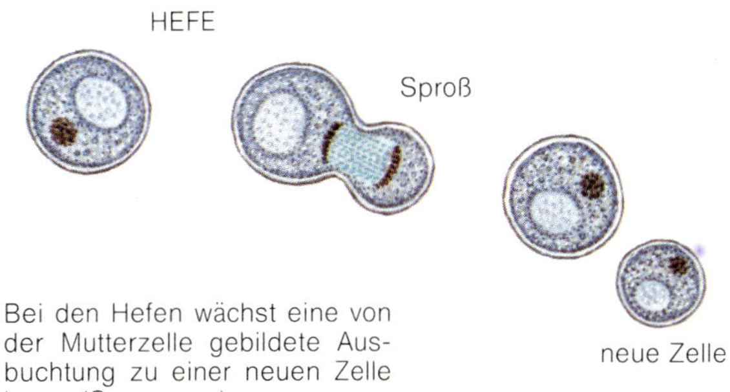

Bei den Hefen wächst eine von der Mutterzelle gebildete Ausbuchtung zu einer neuen Zelle heran (Sprossung).

Zellige Schleimpilze können sich fortbewegen, sich zusammenschließen und zu einem Stiel zusammenkriechen. Dieser Stiel gibt Sporen ab.

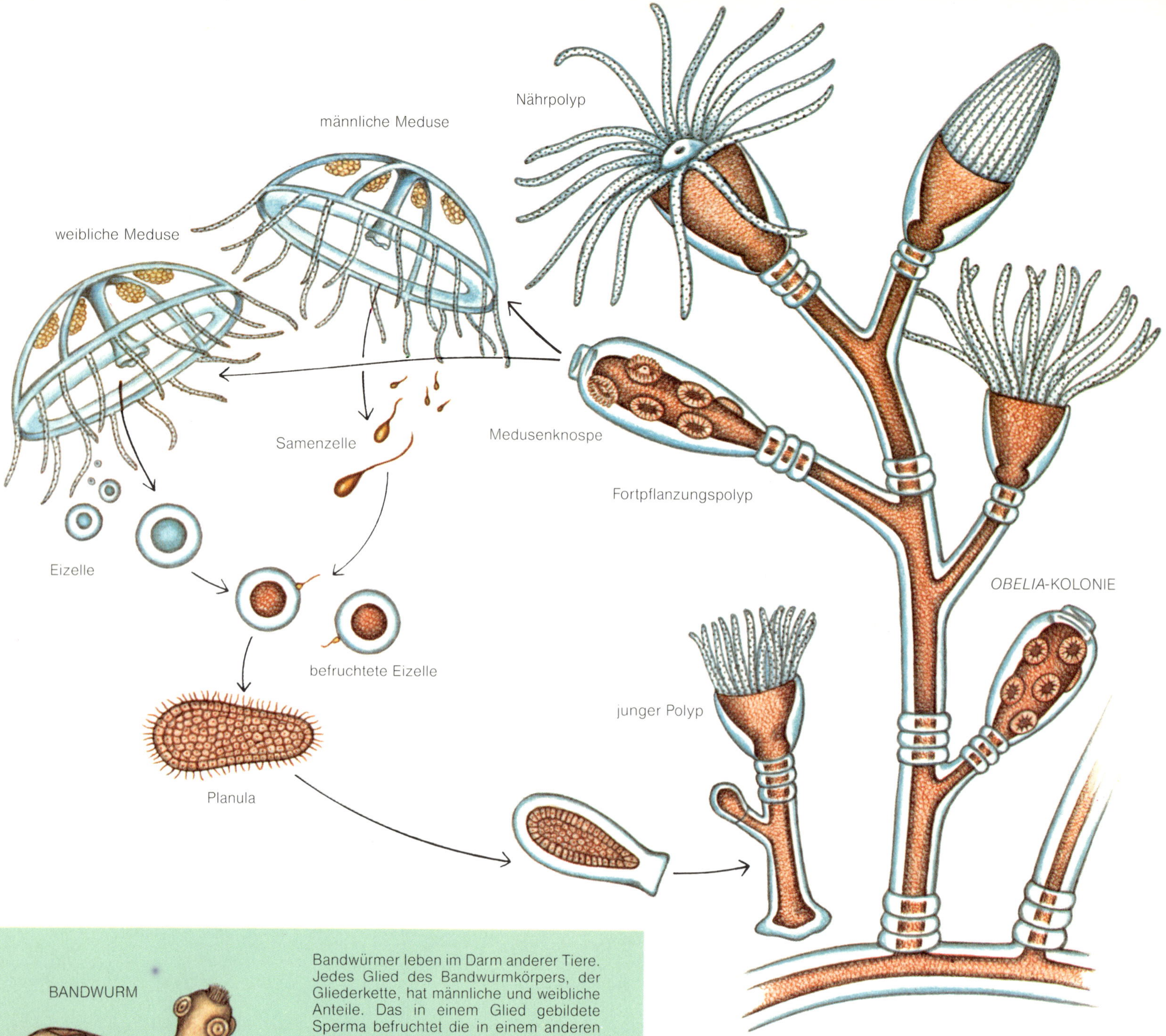

LEBENSZYKLUS VON *OBELIA* Der Polyp von *Obelia* lebt unter Wasser in Kolonien auf Steinen. Nährpolypen fangen Nahrung mit ihren Tentakeln ein. Fortpflanzungspolypen bilden Medusen, die wie Quallen aussehen. Eine männliche Meduse bildet Samenzellen, eine weibliche gibt Eizellen ab. Wenn eine Samenzelle eine Eizelle befruchtet, entsteht eine neue Zelle, die sich zu einer Planula entwickelt. Die Planula setzt sich auf einem Stein fest und entwickelt sich zu einer *Obelia*-Kolonie.

Bandwürmer leben im Darm anderer Tiere. Jedes Glied des Bandwurmkörpers, der Gliederkette, hat männliche und weibliche Anteile. Das in einem Glied gebildete Sperma befruchtet die in einem anderen Glied gebildeten Eier. Glieder, die befruchtete Eier enthalten, werden abgestoßen und mit dem Kot des Wirtes ausgeschieden.

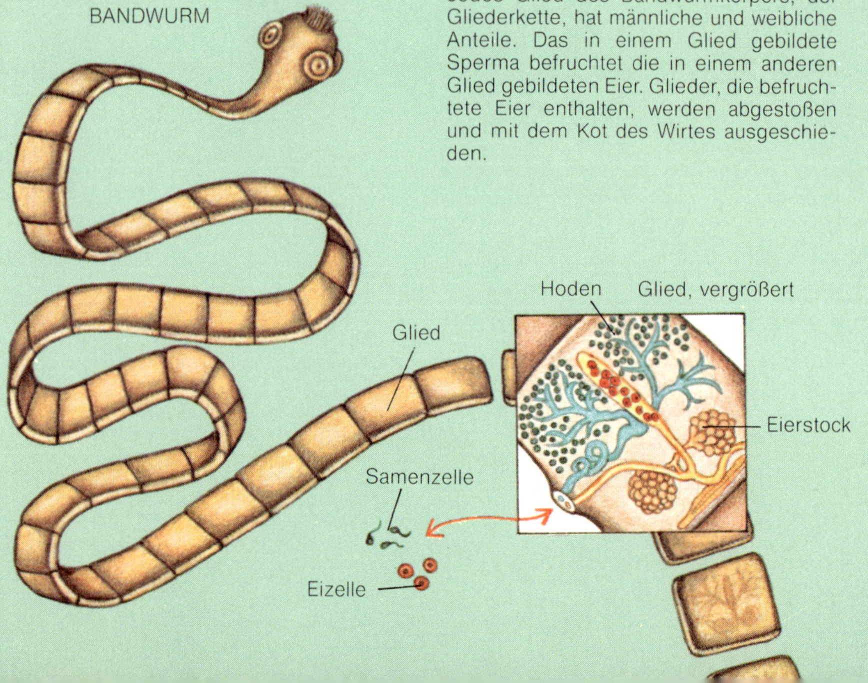

Lebenszyklen

Obelia ist ein Tier, das unter Wasser in Kolonien auf Steinen und anderen Objekten lebt. Jede Kolonie beginnt als eine einzelne Zelle, die sich teilt und wächst. Während sich *Obelia* entwickelt, sprossen aus dem Polypen neue Polypen. Einige davon, man bezeichnet sie als Nährpolypen, haben einen Mund, der von Tentakeln umgeben ist. Andere Polypen dienen der Fortpflanzung. Alle diese Polypen sind mit einer Verdauungshöhle verbunden, in der Nahrung zirkuliert, mit der alle Zellen des Tieres versorgt werden.

Die Fortpflanzungspolypen von *Obelia* erzeugen Medusen, das sind Gebilde, die wie kleine Quallen aussehen. Jede Meduse wird ins Wasser entlassen und schwimmt frei herum. Da sie Tentakel besitzt, kann sie Nahrung fangen. Einige dieser Medusen sind männlich. Sie bilden Samenzellen, die ihre DNS-Baupläne für die Erzeugung weiterer Polypen enthalten. Die übrigen Medusen sind weiblich und bilden Eizellen, die ihre DNS-Baupläne weitergeben. Die Medusen geben Samen- und Eizellen ins Wasser ab. Die Samenzellen werden durch chemische Stoffe zu den Eizellen gelockt. Wenn sie einander finden, dringt eine Samenzelle in eine Eizelle ein. Man nennt das Befruchtung. Nur wenn sich die DNS der Samenzelle mit der DNS der Eizelle verbindet, kann aus der Eizelle ein neues Tier entstehen.

Nach der Befruchtung teilt sich die Eizelle wieder und wieder. Während sie sich entwickelt, schwimmt sie frei im Wasser. Sie wird jetzt als Planula bezeichnet. Schließlich setzt sich die Planula auf einem Stein fest. Nun kann aus ihr eine neue *Obelia*-Kolonie hervorgehen.

Farne

Farne sind schattenliebende kleine Pflanzen mit senkrecht stehenden Blättern. Bei den meisten Farnen wachsen die Stämme unterirdisch. Neugebildete Farnblätter sind fest eingerollt. Im Verlaufe seines Wachstums rollt sich das Blatt langsam auf.

Wenn Farne sich fortpflanzen, bilden sich auf der Unterseite mancher Blätter Sporen. Diese Sporen werden freigegeben, und manche fallen auf feuchten Untergrund, wo sie sich zu grünen herzförmigen Pflanzen, Vorkeime genannt, entwickeln können. An einem Teil des Vorkeims entstehen männliche Keimzellen, dicht an der Einbuchtung des Vorkeims bilden sich Eizellen. Sobald es geregnet hat oder reichlich Tau gefallen ist, schwimmen die männlichen Keimzellen durch das Wasser, um zu den Eizellen zu gelangen. Erfolgt eine Befruchtung, so wird eine neue Farnpflanze entstehen.

Wenn Farne sich fortpflanzen, werden auf der Unterseite mancher Blätter Sporen freigegeben. Sporen, die auf feuchten Untergrund fallen, entwickeln sich zu herzförmigen Vorkeimen, die männliche und weibliche Geschlechtszellen bilden. Die männlichen Geschlechtszellen schwimmen durch Regenwasser oder Tau, um zu den Eizellen zu gelangen und sie zu befruchten. Aus jeder befruchteten Eizelle kann eine neue Farnpflanze hervorgehen.

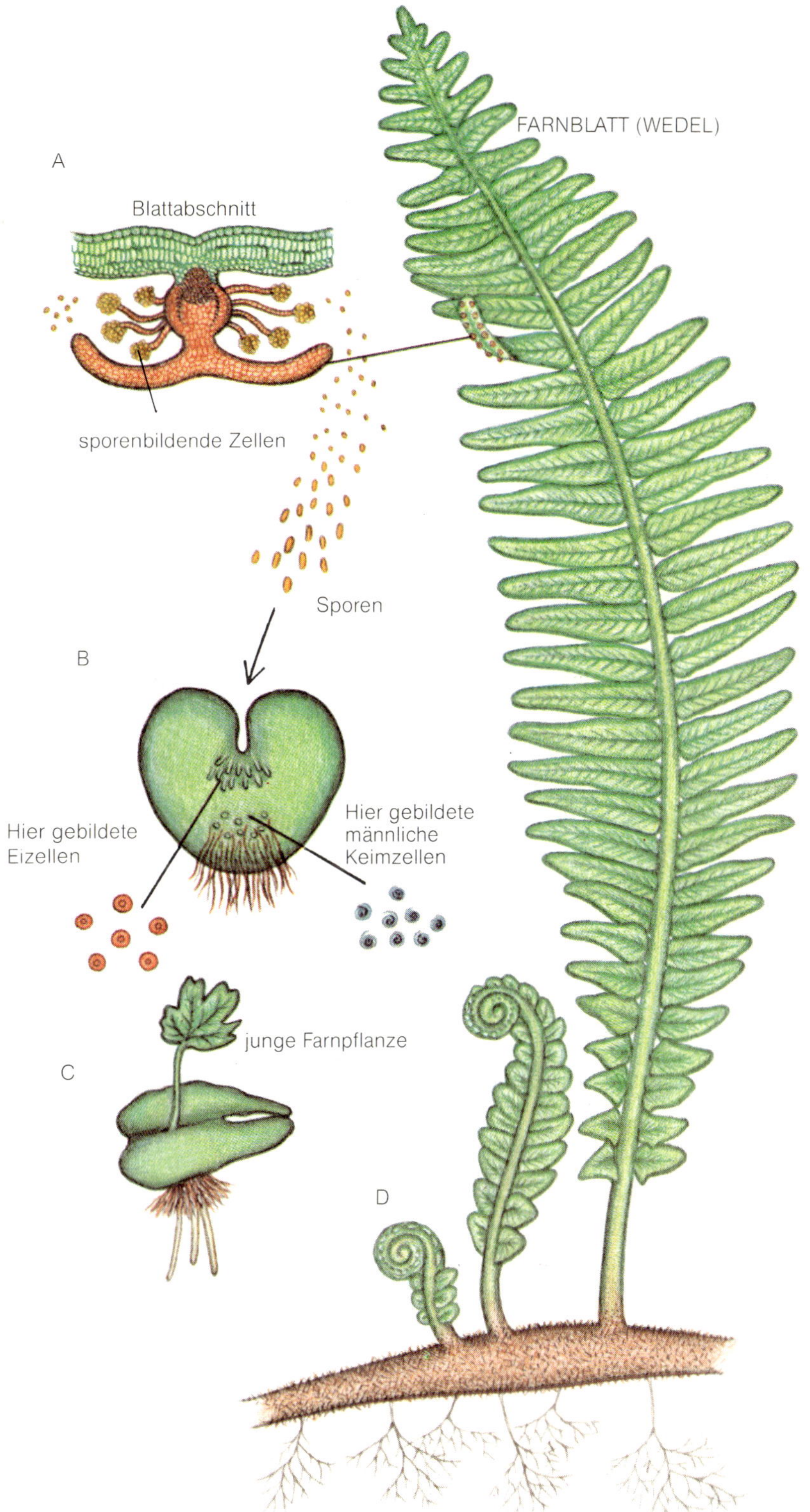

Bäume aus Samen

Kiefern sind große, das ganze Jahr hindurch grüne Bäume. Ihre nadelartigen Blätter haben dicke Wände, die — besonders im Winter — Wasserverlust verhindern. Kiefernholz ist weich und besteht aus Tracheiden (siehe S. 38), es hat keine Gefäßzellen. Wie bei Tannen, Fichten und Zedern bilden sich bei Kiefern die Samen in Zapfen.

Kiefern bringen zwei Arten von Zapfen hervor. Eizellen entstehen in großen weiblichen Zapfen, Pollenkörner in kleinen männlichen Zapfen. Jedes Pollenkorn gibt DNS-Moleküle vom männlichen Zapfen an den weiblichen Zapfen weiter. Zeitig im Frühjahr werden von den männlichen Zapfen Millionen von Pollenkörnern freigegeben und vom Wind verbreitet (Phase 1).

Weibliche Blütenstände (Zapfen) entwickeln sich an den Spitzen neuer Zweige. Diese Zapfen besitzen Schuppen, die vom Wind herangetragene Pollenkörner auffangen (Phase 2). An der Basis jeder Schuppe sitzen Samenanlagen, in denen Eizellen entstehen. Eine klebrige Substanz an den Schuppen hilft Pollenkörner festhalten. Wenn die Substanz eintrocknet, zieht sie ein Pollenkorn in die Öffnung der Samenanlage hinein.

Eizelle und Pollenkorn brauchen ein Jahr, um ihre Entwicklung zu vollenden. Dann wächst vom Pollenkorn ein Pollenschlauch zu der Eizelle. Wenn er die Eizelle erreicht hat, vereinigen sich die DNS-Moleküle des Pollens mit den DNS-Molekülen der Eizelle (Phase 3). Zu der Zeit, da diese Befruchtung vor sich geht, ist der Zapfen grün, und seine Schuppen sind fest geschlossen.

Die befruchtete Eizelle teilt sich und wird langsam zu einem Embryo. Als Embryo (ungeborene Leibesfrucht, Keim, Keimling) bezeichnet man eine Pflanze oder ein Tier in den frühen Lebensstadien. Der Embryo ist von Nährgewebe umgeben. Um Embryo und Nahrungsvorrat bildet sich eine harte schützende Samenschale (Phase 4). Dieser Samen braucht wiederum ein Jahr, um reif zu werden. In der Zeit reift der Zapfen heran. Wenn die Samen entlassen werden, fallen einige auf die Erde, aber die meisten trägt der Wind fort.

Alle Vorgänge im Samen verlangsamen sich, bis die Zeit kommt, in der alle Voraussetzungen für das Wachstum gegeben sind. Dann nehmen diejenigen Zellen im Embryo, die die Wurzeln bilden, sehr rasch Wasser auf. Diese Wurzelzellen dringen durch die Samenschale und wachsen nach unten, um an Wasser und Nährstoffe zu gelangen (Phase 5). Über dem Boden biegt sich die junge Pflanze nach oben, bis sie lotrecht steht. Sie hat Keimblätter, die Nahrung zu produzieren beginnen. Unterhalb dieser Blätter wächst nun die Spitze der jungen Kiefernpflanze in Richtung auf die Sonne.

1. Von männlichen Zapfen gebildete Pollenkörner werden vom Wind verbreitet.

2. Einige Pollenkörner gelangen in die Schuppen eines weiblichen Zapfens.

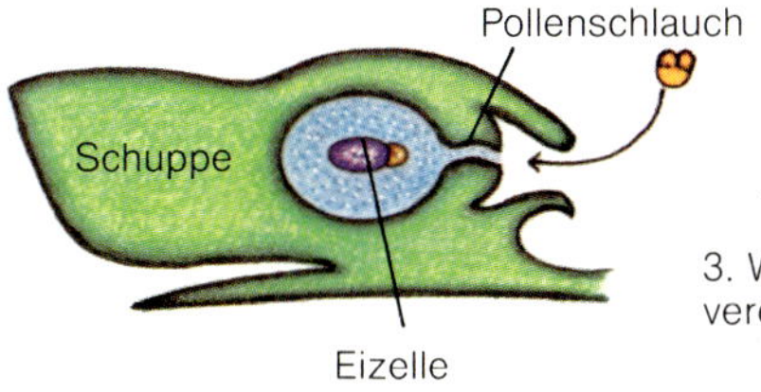

3. Wenn der Pollenschlauch zur Eizelle vorgedrungen ist, vereinigt sich Pollen-DNS mit Eizellen-DNS.

4. Im weiblichen Zapfen gebildete Samen werden freigegeben und vom Wind verbreitet.

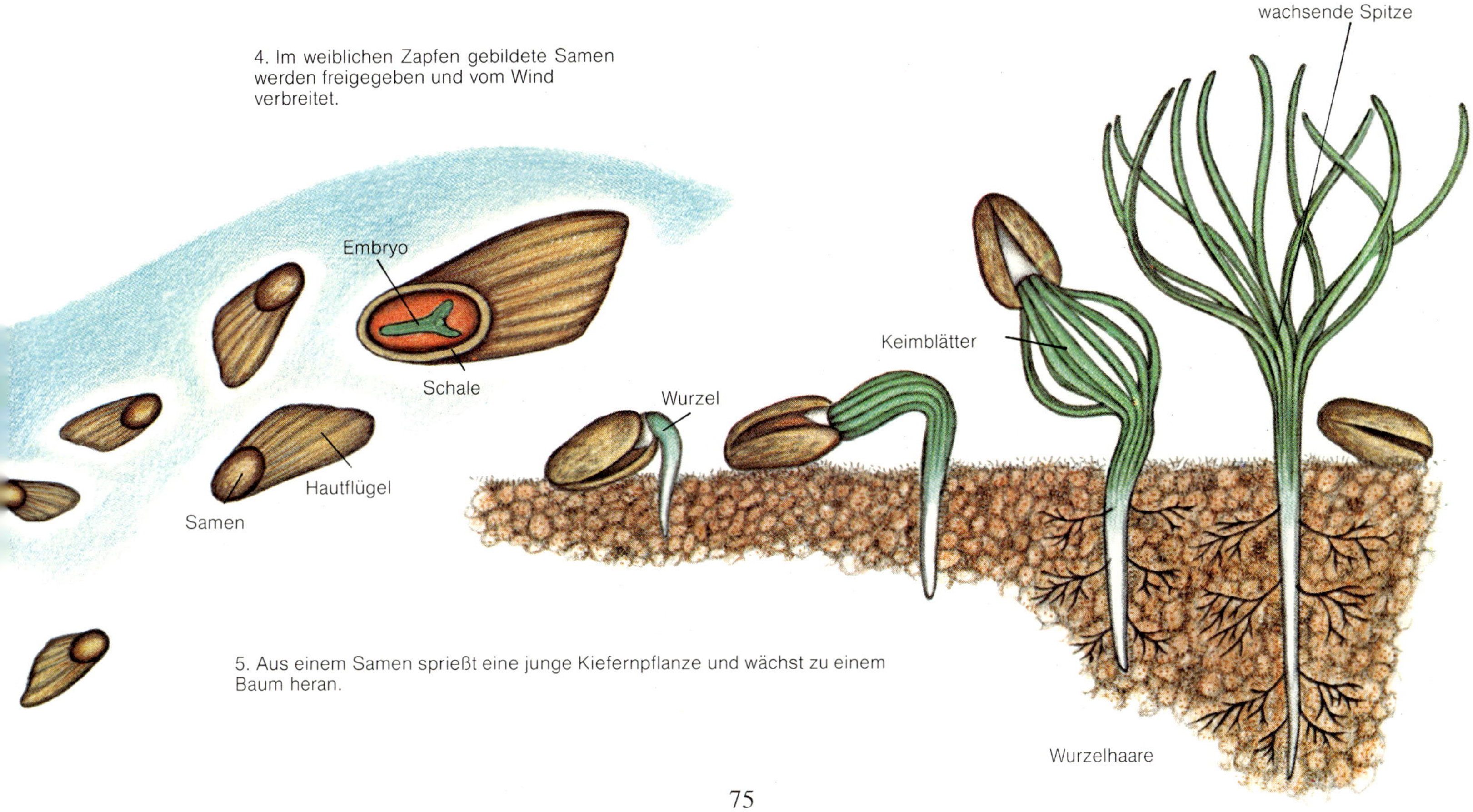

5. Aus einem Samen sprießt eine junge Kiefernpflanze und wächst zu einem Baum heran.

Blüten

Alljährlich blühen überall auf der Erde Millionen und Abermillionen von Blüten. Sie können die verschiedensten Formen, Größen und Farben haben. Aber einerlei, wie eine Blüte aussieht — sie dient bei allen Blütenpflanzen der Fortpflanzung.

Die meisten Blüten haben vier wichtige Teile: Kelchblätter, Kronblätter, Staubblätter und Stempel (Fruchtblätter). Die grünen Blätter unten an der Blüte, die die anderen Blütenteile umhüllen, werden Kelchblätter genannt. Oberhalb der Kelchblätter sind die Kronblätter angeordnet, die oft die Aufgabe haben, Insekten anzulocken. Kronblätter und Kelchblätter schützen die inneren Blütenteile.

An den Kronblättern sitzen schlanke Staubblätter. Oben am Staubblatt befindet sich der Staubbeutel, in dem die Pollenkörner gebildet werden. Das Staubblatt ist der männliche Teil der Blüte.

Bei vielen Blüten befindet sich in der Mitte ein Stempel. Das ist der weibliche Teil der Blüte. Blüten können zwar männliche und weibliche Teile aufweisen, manche indes haben nur männliche Teile, andere wiederum nur weibliche.

Pollenkörner

Die männlichen Teile einer Blüte produzieren die Pollenkörner. Jedes Pollenkorn besteht aus einer Zelle mit zwei Kernen. Diese Kerne enthalten die DNS-Moleküle, die in den Pollenkörnern zu weiblichen Blütenteilen gelangen.

Jedes Pollenkorn ist von einer besonders widerstandsfähigen äußeren Schicht umgeben. Sie weist außen Substanzen auf, die von weiblichen Blütenteilen erkannt werden müssen, sonst kann das Pollenkorn seine Aufgabe nicht erfüllen.

Bestäubung

Wenn Pollenkörner vollständig entwickelt sind, platzt die Wand des Staubbeutels auf. Da sich die Pollenkörner nicht selbst bewegen können, müssen sie auf die weiblichen Blütenteile übertragen werden. Diesen Vorgang nennt man Bestäubung.

Die meisten Pflanzen werden von Insekten, Vögeln und dem Wind bestäubt. Pflanzen wie zum Beispiel Gräser geben trockene, leichte Pollenkörner ab, die der Wind mühelos zu anderen Blüten trägt. Bei manchen Pflanzen müssen Insekten den Pollentransport übernehmen. Die Insekten werden von den schönen Farben, Formen und Düften der Blüten angelockt. Sie wollen aber auch an den süß schmeckenden, im Blütenbereich abgeschiedenen Nektar gelangen. Wenn Insekten auf Blüten landen, kommen sie mit Pollenkörnern in Berührung, die an ihnen hängenbleiben. Während die Insekten weiter von Blüte zu Blüte fliegen, fallen einige dieser Pollenkörner auf weibliche Blütenteile.

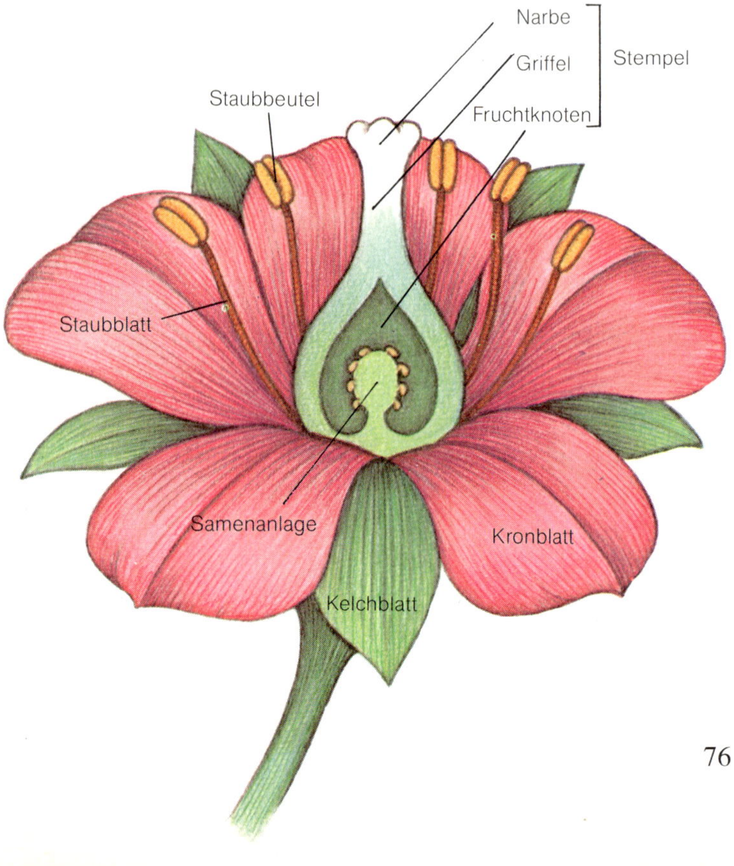

SAMEN VON BLÜTEN Ein Pollenkorn, das auf die Narbe einer weiblichen Blüte gelangt ist, bildet einen Pollenschlauch aus. Dieser Schlauch entläßt zwei Spermakerne in eine Samenanlage im Fruchtknoten. Ein Spermakern befruchtet die Eizelle in der Samenanlage. Der andere Spermakern trägt zur Bildung einer Zelle bei, die Nahrung liefert. Jedes befruchtete Ei kann sich zu einem Samen entwickeln.

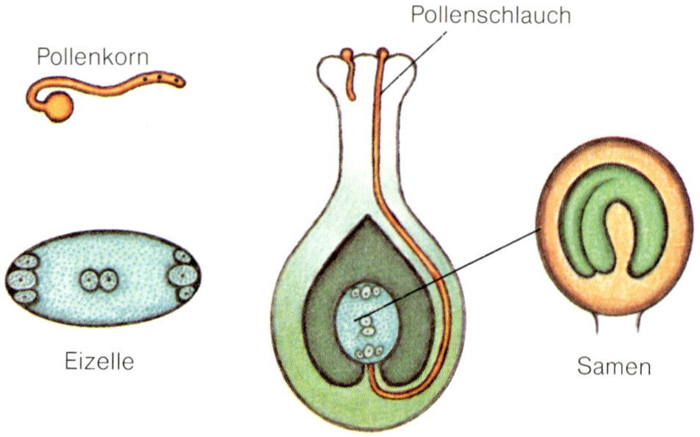

Weibliche Blütenteile

Der weibliche Teil einer Blüte besteht aus drei Teilen. Unten befindet sich der Fruchtknoten; er enthält die Samenanlagen. Aus dem Fruchtknoten geht der Griffel hervor. Er bildet oben die klebrige Narbe, die die Pollenkörner auffängt.

Gelangen Pollenkörner auf die Narbe einer Blüte der gleichen Pflanzenart, so nehmen sie Wasser auf, schwellen an und platzen. Bei jedem Pollenkorn wächst die innere Wand zu einem winzigen Pollenschlauch aus; die Instruktionen dazu kommen von einem der Kerne im Pollenkorn. Während der Pollenschlauch durch den Griffel zum Fruchtknoten wächst, teilt sich der andere Kern in dem Pollenkorn in zwei Spermakerne.

Befruchtung

Wenn der Pollenschlauch durch den ganzen Griffel gewachsen ist, dringt er in den Fruchtknoten ein. Im Fruchtknoten befinden sich Samenanlagen, und jede Samenanlage enthält eine Eizelle und eine Gruppe anderer Zellen.

Beim Erreichen einer Samenanlage bricht die Spitze des Pollenschlauches auf und entläßt die zwei Spermakerne. Ein Spermakern vereinigt sich mit der Eizelle und befruchtet sie. Der zweite Spermakern dringt in eine andere Zelle in der Samenanlage ein und trägt zur Bildung einer Zelle bei, die zum Nährgewebe (Endosperm) im Samen wird.

Das befruchtete Ei teilt sich wieder und wieder und entwickelt sich zum Embryo. Manche Zellen im Embryo werden die Wurzelzellen einer neuen Pflanze bilden, andere den Stengel und die Blätter.

Samen und Früchte

Während der Entwicklung des Embryos werden die Wände des Fruchtknotens härter und bilden sich zur Samenschale um, die den Embryo und seinen Nahrungsvorrat schützend umgibt. Wenn der Samen gebildet ist, verlangsamen sich alle Wachstumsprozesse des Embryos, weil der Embryo warten muß, bis der Samen an einen Ort getragen wird, wo er wachsen kann.

Samen mit flügelähnlichen Erweiterungen werden vom Wind verbreitet. Samen mit kleinen Stacheln oder Haken heften sich an Tiere an, werden fortgetragen und fallen irgendwann ab. Manche Samen wie zum Beispiel Kokosnüsse schwimmen auf dem Wasser, bis sie an Land getrieben werden und aufplatzen.

Samen werden auch in Früchten verbreitet. Bei vielen Blüten wird nach der Befruchtung der Fruchtknoten zu einer Frucht. Getreidekörner, manche Gemüse, hartschalige Nüsse und unser Speiseobst sind umgeformte Fruchtknoten mit Samen darin. Manche Früchte fallen mit dem Samen, den sie enthalten, auf die Erde, andere trocknen aus und werden vom Wind fortgetragen. Manche Tiere, zum Beispiel Eichhörnchen, verbreiten und vergraben Samen, wenn sie Nüsse verstecken. Andere Tiere fressen Früchte. Oft gelangen die in solchen Früchten steckenden Samen unversehrt durch das Verdauungssystem des Tieres und werden mit dem Kot ausgeschieden. Ein Vogel kann einen Samen kilometerweit forttragen, ehe er ihn ausscheidet.

Unter geeigneten Bedingungen keimen Samen (sie beginnen zu wachsen). Die meisten Samen benötigen Wasser und die richtige Temperatur, um aufzuplatzen.

Manche Blütenpflanzen überdauern nur eine Wachstumsperiode. Andere leben länger als ein Jahr, stellen aber im Winter ihr Wachstum ein. An den Spitzen dieser Pflanzen bilden sich harte, schützende Knospenschuppen, die das Austrocknen der darunterliegenden Zellen verhindern. Im Frühjahr öffnen sich diese Knospen, und die Zellen beginnen erneut zu wachsen.

BESTÄUBUNG Bei vielen Pflanzen sorgen Vögel und Insekten für die Verbreitung der Pollenkörner. Bei manchen Pflanzen übernehmen sogar Fledermäuse diese Aufgabe. Pollenkörner haften zum Beispiel am Körper einer Biene und fallen auf weibliche Blütenteile, wenn die Biene von Blüte zu Blüte fliegt.

Durch Balzverhalten nehmen paarungsbereite und paarungswillige männliche und weibliche Artgenossen Kontakt auf. Diese beiden Albatrosse, ein Männchen und ein Weibchen, zeigen Kopf- und Schnabelmerkmale vor, die ihre Art identifizieren. Bevor die Paarung stattfinden kann, müssen Männchen und Weibchen einander die richtigen Signale in der richtigen Reihenfolge geben. Solche Signale sind z. B. Verbeugen, Berühren, Tanzen und Lautäußerungen.

Das Gopherschildkröten-Männchen stößt mit seinem Kopf leicht gegen das Weibchen und beißt dann in dessen Panzer, bis es sich paarungswillig zeigt. Das Quaken des Krötenmännchens hilft einem Weibchen, das Männchen zu finden.

Balzverhalten

Bei allen Tierarten ist die Fortpflanzung davon abhängig, daß männliche und weibliche Tiere der gleichen Art zueinander gelangen. Da die meisten Tiere sich nur in bestimmten Zeiten des Jahres fortpflanzen können, müssen weibliche und männliche Tiere zur selben Zeit paarungsbereit sein. Und sie müssen einander wissen lassen, daß sie paarungsbereit und paarungswillig sind. Sie tun dies durch ihr Balzverhalten.

Balz heißt, daß männliche und weibliche Tiere einander bestimmte Signale geben. Mit die wichtigsten sind dabei die Identifikationssignale. Weil männliche Tiere nur mit weiblichen Tieren der eigenen Art Nachkommenschaft erzeugen können, müssen sie diesen weiblichen Tieren Hinweise geben, wo sie zu finden sind. Manche Tiere identifizieren sich durch Lautäußerungen (Balzrufe oder -lieder). Andere geben Duftstoffe ab. Identifikation ist aber nur eines der Balzsignale. Nachdem sich zwei Tiere gefunden haben, müssen sie weiterhin die richtigen Signale in der richtigen Reihenfolge geben. Denn wenn das männliche oder das weibliche Tier es am richtigen Signal zur richtigen Zeit fehlen läßt, reißt die Balz ab, und die Tiere gehen auseinander.

Durch Rotwerden lockt der männliche Tintenfisch ein Weibchen an. Die männliche Winkerkrabbe winkt mit ihrer großen Schere, um ein Weibchen anzulocken.

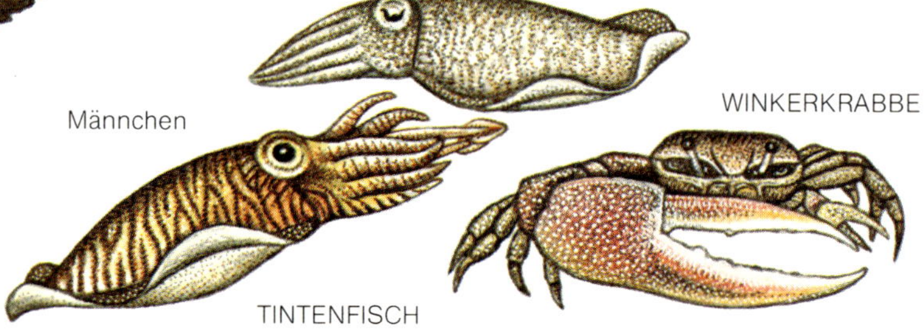

Schwammspinner-Weibchen geben Pheromone nach außen ab, das sind Stoffe, die männliche Tiere anlocken. — Die männliche Tanzfliege überreicht dem Weibchen Futter, um nahe an das Weibchen heranzukommen.

Bei Stichlingen spielt sich die Balz in vielen Schritten ab. Während der Laichzeit im Frühjahr wird der Bauch der Männchen rot. Diese Rotfärbung lockt Weibchen an. Wenn ein Männchen paarungsbereit ist, sucht es sich ein Revier und baut dort ein Nest mit einem Längstunnel in der Mitte (siehe Abb.).

Im Bauch paarungsbereiter Weibchen haben sich Eier gebildet. Diese Weibchen schwimmen zum Revier eines Männchens. Ihr durch die Eier angeschwollener Bauch signalisiert dem Männchen, daß die Weibchen zum Fortpflanzungsgeschäft bereit sind.

Wenn ein Weibchen im Revier eines Männchens erscheint, beginnt das Männchen einen Zickzacktanz. Sobald das Weibchen mit erhobenem vorderem Körperende seinen Bauch präsentiert, führt das Männchen es zum Nest und zeigt den Nesteingang. Das Weibchen schlüpft hinein und wird vom Männchen mit schnellen Schnauzenstößen gegen den Schwanz des Weibchens zum Ablaichen gebracht.

Gleich nach dem Ablaichen verjagt das Männchen das Weibchen. Dann besamt das Männchen die Eier. Aus jeder befruchteten Eizelle kann ein neuer Stichling hervorgehen.

Die Abbildungen auf diesen Seiten zeigen noch andere Beispiele für Balzverhalten. Wenn dem Balzverhalten eine Paarung folgt, so heißt dies in jedem Fall, daß das Männchen seinen Samen entläßt, um weibliche Eizellen zu befruchten.

Das Männchen stolziert auf ein Weibchen zu, das in sein Territorium gekommen ist (A). Dann berührt das Männchen sanft den Schenkel des Weibchens, um sich zu vergewissern, daß es paarungswillig ist (B).

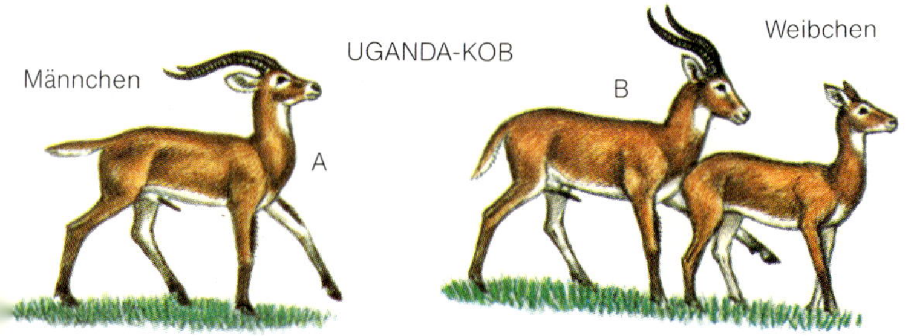

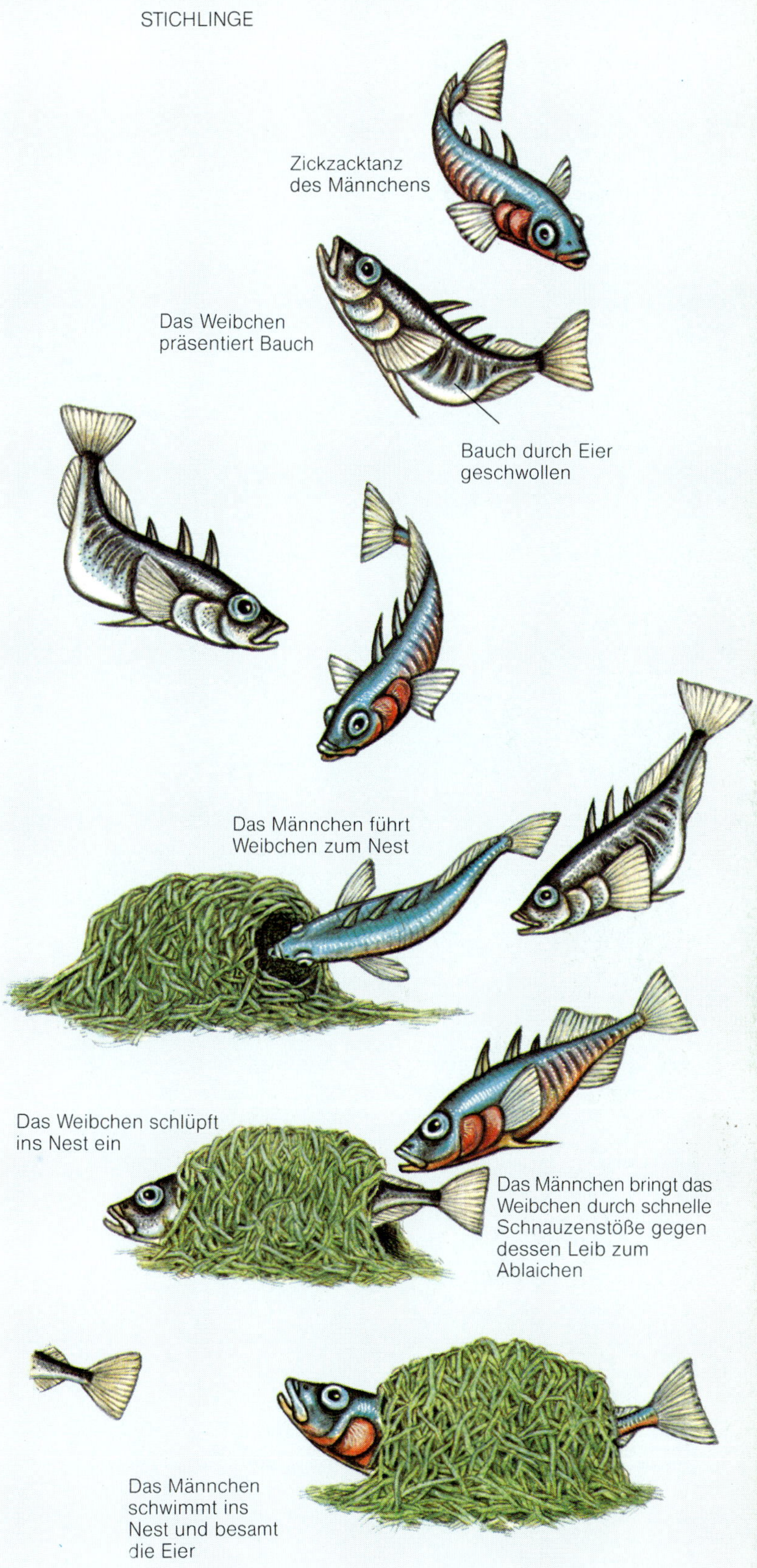

Bei der Balz führen Stichlinge bestimmte Handlungen aus, die dazu führen, daß das Weibchen ablaicht und das Männchen die frischen Eier besamt.

FORTPFLANZUNG BEIM MENSCHEN Beim Mann werden in jedem Hoden Samenzellen oder Spermien gebildet, die durch Röhren in den Penis gelangen. Bei der Frau wird ungefähr alle 28 Tage eine reife Eizelle von einem der Eierstöcke abgegeben. Diese Eizelle wird von einem Eileiter aufgenommen und wandert in Richtung auf die Scheide. Wird die Eizelle durch eine Samenzelle befruchtet, so entwickelt sie sich in der Gebärmutter in neun Monaten zu einem geburtsreifen neuen Menschen.

Befruchtung und neues Leben

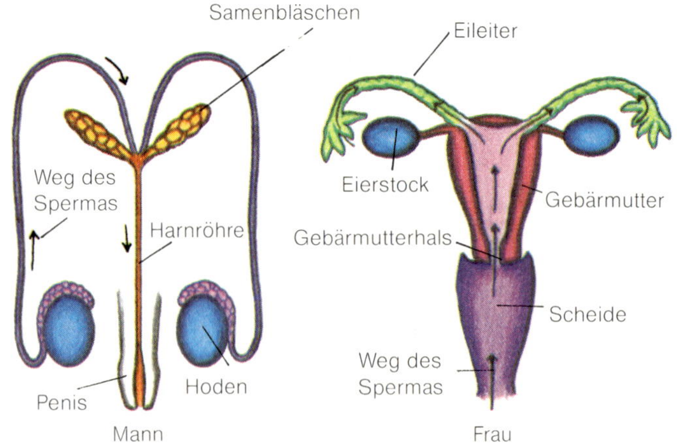

Tiere besitzen bestimmte Organe, die der Fortpflanzung dienen. Männliche und weibliche Fortpflanzungsorgane sind verschieden. Im männlichen Geschlecht werden Samenzellen oder Spermien produziert, im weiblichen Geschlecht Eizellen.

Samenzellen

Bildungsort der Samenzellen im männlichen Geschlecht sind die Hoden. Jeder Hoden besteht aus Hunderten von verknäuelten Kanälen, in denen Millionen von Spermien erzeugt werden. Jedes Spermium hat einen Zellkern, der einen Chromosomensatz enthält. Dieser Satz weist nur die Hälfte der Anzahl der Chromosomen auf, die in den übrigen Zellen im männlichen Körper vorhanden sind.

Spermien sehen anders aus als andere Zellen. Jedes Spermium hat sehr wenig Zytoplasma. Der Zellkern befindet sich im Kopf des Spermiums. Eine Kapsel an der Kopfspitze enthält Enzyme. Auch haben Spermien Schwänze, mit denen sie sich fortbewegen, um zur Eizelle zu gelangen.

Männliche Tiere müssen ein bestimmtes Alter erreicht haben, ehe sich bei ihnen Spermien bilden können. Hormone steuern die Veränderungen in den Hoden, die erfolgen müssen, damit die Spermaproduktion beginnen kann.

Eizellen

Eizellen entwickeln sich in Organen, die man als Eierstöcke bezeichnet. Eierstöcke enthalten unreife Eier. Wenn

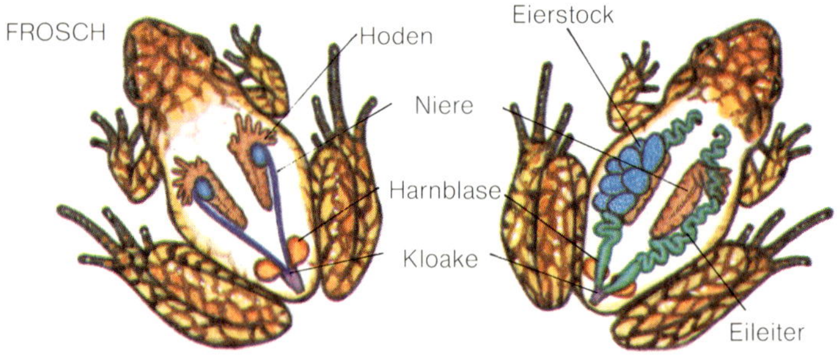

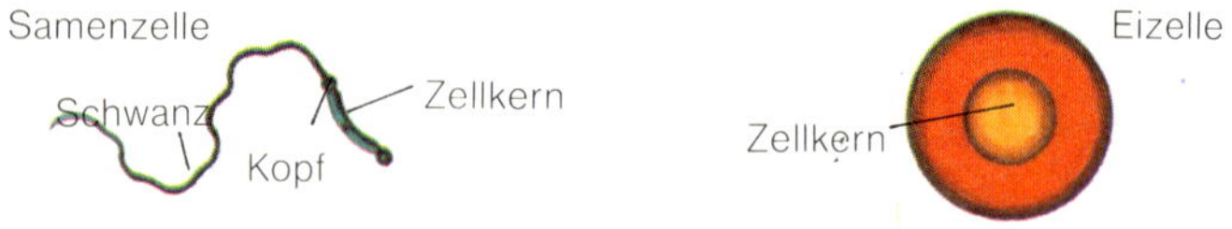

Bei der Paarung entlassen Frösche Samenzellen und Eizellen ins Wasser.

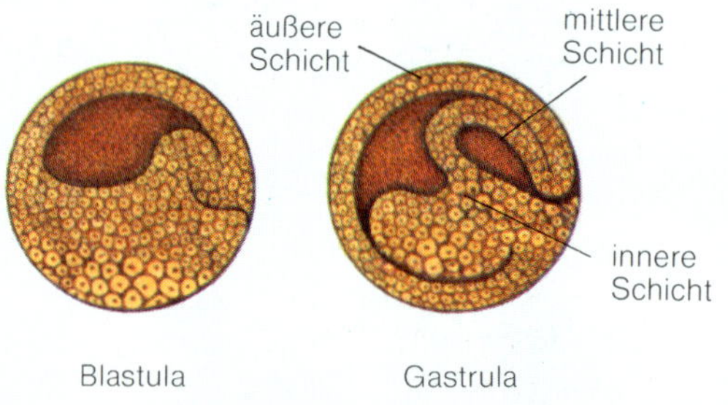

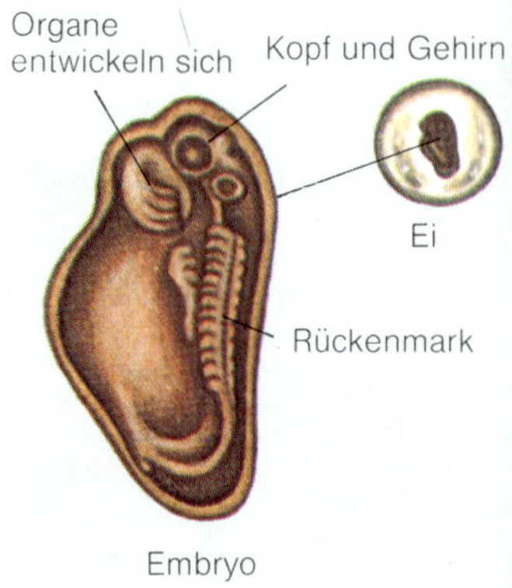

VOM EI ZUM FROSCH Froscheier werden im Wasser befruchtet. Nachdem eine Samenzelle in eine Eizelle eingedrungen ist, beginnt das Ei sich zu teilen. Es entstehen erst zwei Zellen, dann vier, dann acht usw. Das Ei wird zu einer Hohlkugel aus kleinen Zellen, der Blastula. Nun beginnen einige dieser Zellen, sich zu bewegen, verändern ihre Gestalt und wachsen. Aus der Blastula wird eine Gastrula.

ein weibliches Tier ein bestimmtes Alter erreicht hat, steuern Hormone die Veränderungen, die den Beginn der Eireifung veranlassen.

Eizellen sind viel größer als Samenzellen. Aber wie Samenzellen enthält jede Eizelle die Hälfte der Anzahl von Chromosomen, die in den übrigen Zellen des weiblichen Körpers vorhanden sind. Im Zytoplasma der Eizelle sind Nährstoffe gespeichert, die als Dotter bezeichnet werden.

Reife Eizellen werden von den Eierstöcken entlassen und von den Eileitern aufgenommen. Beim Menschen produzieren die Eierstöcke ungefähr alle 28 Tage eine reife Eizelle. Bei den meisten Tieren werden reife Eizellen nur in der Paarungszeit freigegeben.

Paarung

Die Balz führt artgleiche Männchen und Weibchen zusammen, wenn sie paarungsbereit sind. Bei der Paarung müssen die Männchen ihre Spermien aus ihrem Körper entlassen. Durch Röhren gelangen Spermien zu einer Öffnung, durch die sie abgegeben werden. Bei vielen Tieren erfolgt die Abgabe des Samens nach außen durch den Penis.

Bei den meisten Fischen und Lurchen entlassen die Weibchen bei der Paarung ihre Eier aus dem Körper nach außen, und die Männchen besamen dann diese Eier. Es muß jeweils ein Spermium in eine Eizelle eindringen, um sie zu befruchten. Eier und Samen, die sich nicht vereinigen, sterben ab.

Bei Kriechtieren, Vögeln, Landtieren und einigen Fischen und Lurchen werden die Eier im Körper des Weibchens befruchtet. Bei manchen Tieren werden die Spermien in die Kloake des Weibchens abgegeben (S. 43), bei anderen dagegen in die Scheide, eine Höhlung, die zu den Eileitern führt. Nach ihrer Abgabe schwimmen die Spermien zu den Eizellen. Viele Spermien erreichen die Eizelle nie, aber zur Befruchtung einer Eizelle genügt eine einzige von den Millionen von freigesetzten Samenzellen.

Befruchtung

Wenn eine Samenzelle eine Eizelle erreicht, gibt die Spitze des Spermiums seine Enzyme ab. Mit Hilfe dieser Enzyme durchdringt der Kopf der Samenzelle die Membran der Eizelle. Sodann bewegt sich der Zellkern des Spermiums, der die männlichen DNS-Moleküle trägt, durch das Ei, bis sich seine Chromosomen mit den Chromosomen der Eizelle vereinigen. Damit ist das Ei befruchtet und kann sich zu einem neuen Lebewesen entwickeln. Sowie das Spermium in das Ei eingedrungen ist, verändert sich die äußere Membran so, daß keine andere Samenzelle mehr eindringen kann.

Entwicklung

Nach ihrer Befruchtung teilt sich die Eizelle. Die erste Teilung liefert zwei Zellen, aus denen durch weitere Teilungen vier Zellen werden. Dieser Prozeß geht weiter, doch führen die Teilungen zu kleineren und immer kleineren Zellen. Bei vielen Tieren bildet sich aus diesen kleinen Zellen eine Hohlkugel, die Blastula, die nur Zellenstärke besitzt und nicht größer als die ursprüngliche Eizelle ist. In dieser frühen Entwicklungsphase ist das Ei bereits ein Embryo.

Der Embryo bleibt eine hohle Zellkugel, bis sich eine Gruppe von Zellen einstülpt und eine zweite Schicht bildet. Man bezeichnet dies als Gastrulation. Während der Gastrulation bewegen sich Zellen, verändern ihre Gestalt und teilen sich lebhaft. Eine dritte Zellschicht entsteht zwischen den beiden ersten Zellschichten, und Teile des Embryos falten sich, während andere größer werden.

Die Zellschichten brauchen bei ihrer Entwicklung die im Dotter gespeicherte Energie auf. Zellen in der äußeren Schicht entwickeln sich langsam zu Hautzellen sowie zu Zellen, aus denen sich das Nervensystem aufbaut. Zellen in der mittleren Schicht werden zu Muskel-, Knochen- und Blutzellen. Teile des Verdauungs- und Atemsystems entwickeln sich aus Zellen in der inneren Schicht des Embryos.

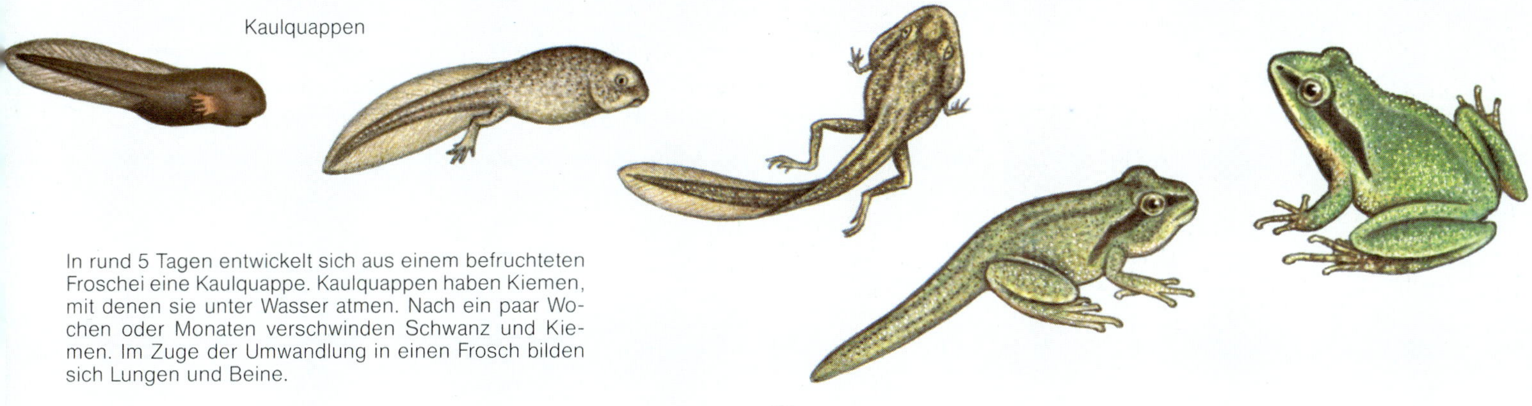

In rund 5 Tagen entwickelt sich aus einem befruchteten Froschei eine Kaulquappe. Kaulquappen haben Kiemen, mit denen sie unter Wasser atmen. Nach ein paar Wochen oder Monaten verschwinden Schwanz und Kiemen. Im Zuge der Umwandlung in einen Frosch bilden sich Lungen und Beine.

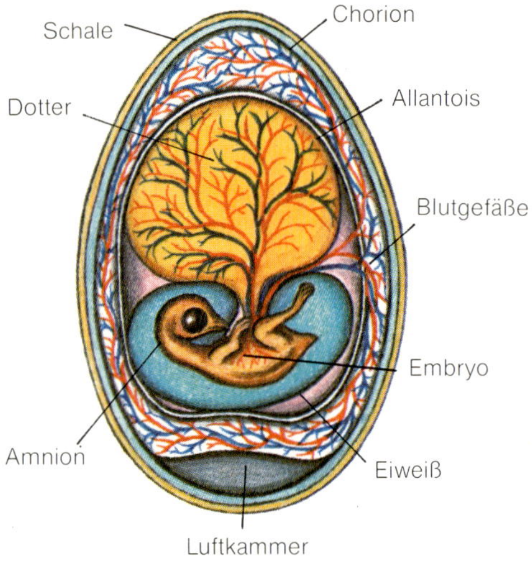

IM EI In seinem Ei ist der Hühnerembryo von vier Membranen umgeben. Über Blutgefäße in der Dottersackmembran gelangt Nahrung vom Dotter zum Embryo. Das Amnion enthält eine schützende Flüssigkeit. Die Allantois sammelt Abbauprodukte. Das feuchte Chorion im Ei dient dem Gasaustausch.

Vögel bebrüten ihre Eier. Wenn die Eier zu warm werden oder zu stark abkühlen, sterben die Embryonen.

GOLDWALDSÄNGER

Wale sind Säugetiere: Sie ernähren ihre Jungen mit Muttermilch.

Mäuse kommen als hilflose Wesen zur Welt.

Das Entwicklungstempo bei Tieren ist unterschiedlich. Aber wenn ein Tier geboren wird, sind seine Gewebe und Organe ausgebildet, und zwar nach den Instruktionen in den DNS-Molekülen, die es von seinen Eltern erhielt.

Kaulquappen und Frösche

Froscheier werden im Wasser befruchtet. Ein Froschweibchen kann in einem Zuge Hunderte von Eiern ablegen. Alle Eier sind von einer Gallerthülle umgeben, die nach der Befruchtung hart wird. Trotz dieser Schutzhülle sterben viele Eier ab, wenn sie beschädigt oder von Tieren gefressen werden.

In etwa fünf Tagen entwickelt sich ein befruchtetes Ei zu einer Kaulquappe. Kaulquappen können schwimmen und sich Nahrung suchen. Sie besitzen Kiemen, mit denen sie unter Wasser atmen.

Aus der Kaulquappe wird durch Metamorphose ein Frosch. Ihr Schwanz bildet sich zurück, sie bekommt Beine, Muskeln und Knochen entwickeln sich. Die Kiemen verschwinden, Lungen werden gebildet. Der neue Frosch kann Luft atmen, das Wasser verlassen und auf dem Land leben.

Eier und Jungvögel

Bei Hühnern und anderen Vögeln wird eine Eizelle im Körper des Weibchens befruchtet und beginnt sich sogleich zu entwickeln. Während ihrer Entwicklung wird sie vom Eiweiß umgeben. Hinzu tritt eine harte, von Drüsen im Geschlechtsausfuhrgang gebildete Schale. Ungefähr nach einem halben Tag legt der Vogel das Ei. Hennen legen Eier, auch wenn sie nicht befruchtet sind. Diese unbefruchteten Eier, die wir essen, sind, genaugenommen, sehr große, vom Eiweiß und von einer Schale umgebene einzelne Zellen.

Hennen sitzen 21 Tage auf ihren befruchteten Eiern und sorgen dadurch für die Temperatur, die der Embryo zu seiner Entwicklung braucht. Das Ei enthält alle für das Wachstum des Embryos erforderlichen Nährstoffe. Durch Poren in der Schale tritt Sauerstoff ein und Kohlendioxid aus.

Nach 21 Tagen pickt das Junge im Ei die Schale auf. Schon einige Stunden nach dem Schlüpfen können die Jungen umherlaufen und Futter suchen. Bei anderen Vogelarten kommen die Jungen als hilflose Wesen zur Welt. Sie müssen von ihren Eltern beschützt und gefüttert werden, bis sie fliegen lernen und sich ihre Nahrung selbst verschaffen können.

Kriechtiere

Wie bei den Vögeln legen auch bei den Kriechtieren die meisten Weibchen ihre Eier, nachdem diese in ihrem Körper befruchtet worden sind. Aber bevor die Eier gelegt werden, haben sie eine zähe, lederartige Schale erhalten. Oft vergra-

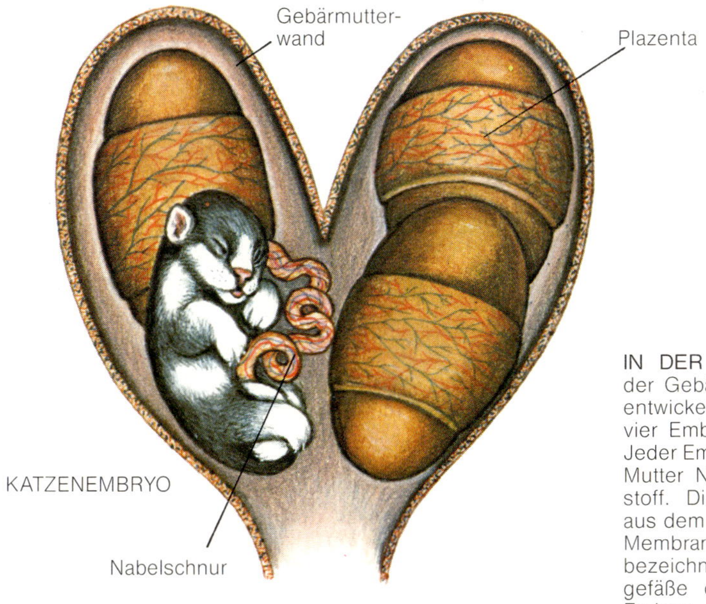

IN DER GEBÄRMUTTER In der Gebärmutter dieser Katze entwickeln sich gleichzeitig vier Embryonen zu Kätzchen. Jeder Embryo erhält von seiner Mutter Nährstoffe und Sauerstoff. Diese Stoffe gelangen aus dem Blut der Mutter durch Membranen, die als Plazenta bezeichnet werden, in die Blutgefäße des Embryos. Jeder Embryo ist durch die Nabelschnur mit seiner Plazenta verbunden.

Das weibliche Schnabeltier legt zwar Eier, aber es scheidet Milch aus, die seine Jungen auflecken.

Bei der Geburt ist das kleine Känguruh noch ziemlich unfertig. Es macht seine weitere Entwicklung im Beutel der Mutter durch, wo es sich von ihrer Milch ernährt.

ben Kriechtiere ihre Eier, damit andere Tiere sie nicht finden und fressen.

Manche Kriechtiere wie zum Beispiel die Alligatoren sorgen für ihre geschlüpften Jungen. Die meisten anderen Kriechtiere jedoch müssen, sobald sie geschlüpft sind, für sich selbst sorgen.

Säugetiere

Bei vielen Landtieren tragen die Weibchen ihre Embryonen in ihrem Körper aus, bis sie geburtsreif entwickelt sind. In diesen Tieren wandern befruchtete Eizellen die Eileiter hinab in die Gebärmutter (siehe S. 80), wo sie sich zu teilen beginnen.

In Eiern, die sich in der Gebärmutter entwickeln, ist sehr wenig Nahrung gespeichert. Die Nährstoffe muß der mütterliche Organismus liefern. Diese Eier nisten sich in der Gebärmutterwand ein, wo sich Membranen bilden, die man als Plazenta oder Mutterkuchen bezeichnet. Jeder Embryo ist mit der Plazenta durch die Nabelschnur verbunden, die von Blutgefäßen durchzogen ist. Nährstoffe und Sauerstoff gelangen aus dem Blutstrom der Mutter durch die Membranen der Plazenta in die Blutgefäße des Embryos. Abbauprodukte des Embryos nehmen den entgegengesetzten Weg und werden von der Mutter ausgeschieden. Die den Embryo umgebende Flüssigkeit wirkt stoßdämpfend.

Die Trächtigkeit, beim Menschen Schwangerschaft genannt, dauert bei Mäusen 20 Tage, bei Katzen 9 Wochen, bei Elefanten 20 Monate und beim Menschen 9 Monate. Jungtiere müssen bei ihrer Geburt so weit entwickelt sein, daß sie selbst atmen können. Unerläßlich ist, daß ihr Herz Blut zu allen Teilen des Körpers pumpt und daß sie ihre Abbauprodukte selbst ausscheiden. Manche Tiere, z. B. Hirsche und Pferde, kommen so gut entwickelt zur Welt, daß sie sich bald nach der Geburt frei bewegen können.

Tiere, die ihre Kinder mit Muttermilch ernähren, nennt man Säugetiere. Die Milch wird in den Milchdrüsen gebildet (S. 48). Sie enthält Vitamine, Mineralstoffe und Proteine. Ebenso enthält sie Antikörper von der Mutter, die das Neugeborene gegen Krankheiten schützen, bis sein Immunsystem das übernimmt. Säugetiere sorgen für ihre Jungen, bis diese sich selbst durchbringen können. Känguruhs, Koalas und Opossums sind Säugetiere, deren Embryonen nur kurze Zeit in der Gebärmutter bleiben. Ihre Jungen sind bei der Geburt noch kaum entwickelt. Sie müssen in den Beutel der Mutter kriechen und sich dort von Muttermilch ernähren, bis ihre Entwicklung vollendet ist. Neugeborene Menschen sind ziemlich hilflos und bedürfen umfassender Fürsorge der Eltern. Alle Jungen wachsen nach der Geburt weiter und entwickeln sich zu erwachsenen Individuen. Auch für sie kommt die Zeit, da sie Eltern werden können. So wird Leben von Generation zu Generation weitergegeben.

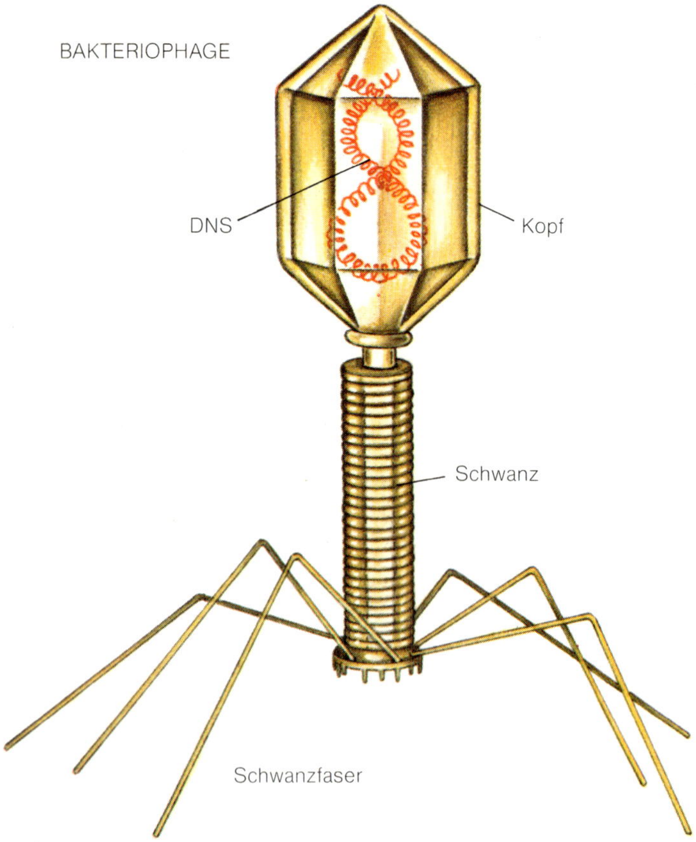

Viren

Viren sind winzige Teilchen, die sich von allen lebenden Zellen unterscheiden. Sie besitzen keine Organellen, sie können ihre Proteine nicht selbst bilden und keine ATP-Moleküle für ihren Eigenbedarf produzieren. Viren nehmen keine Nahrung auf und führen keine Atmung aus. So ziemlich das einzige, was sie mit lebenden Zellen gemeinsam haben, ist, daß sie sich vermehren. Aber sie vermehren sich nicht selbständig, sondern nur in lebenden Zellen. Manche Viren leben und vermehren sich in tierischen Zellen, manche in pflanzlichen Zellen, manche in Bakterien. Die letzteren nennt man Bakteriophagen.

Viele Viren bestehen aus einem DNS-Molekül in einer schützenden Proteinhülle, Kopf genannt. Ein paar Virusarten enthalten kein DNS-Molekül, sondern ein RNS-Molekül (S. 23). Oft sitzt am Kopf eines Virus ein Hohlzylinder aus Proteinen, der Schwanz. Am Schwanzende finden sich lange, dünne Fasern.

Mit den Schwanzfasern kann sich ein Virus an einer lebenden Zelle festheften. Ist dies geschehen, so zieht sich der hohle Schwanz zusammen und spritzt die Virus-DNS in die Zelle ein. In der Zelle kann diese DNS nunmehr das Zellgeschehen steuern. Virus-Gene geben mittels ihrer Boten-RNS Instruktionen zur Bildung neuer Virusteile. Diese Boten-RNS-Moleküle bedienen sich der Ribosomen der Zelle, um diese neuen Virusteile zu bilden. So entstehen viele neue identische Virus-DNS-Moleküle, die sich zu neuen Virusteilchen vereinigen. Wenn die Teilchen komplett sind, können sie die Zelle zum Platzen bringen und dadurch frei werden.

Manchmal stellen Viren den Stoffwechsel der befallenen Zellen nicht sofort um. Vielmehr verbindet sich das Virus-DNS-Molekül mit einem DNS-Molekül in der Zelle. Wenn sich die Zelle teilt, erhält jede Tochterzelle ein Duplikat der Virus-DNS. Unter geeigneten Bedingungen befreit sich das Virus-DNS-Molekül, steuert die Zelle um und bildet neue Virusteilchen.

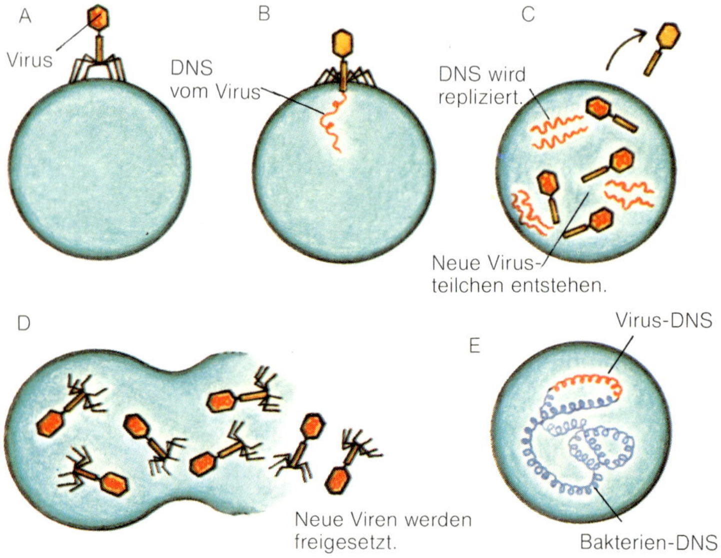

VIREN Wenn dieses Virus sich an eine Bakterienzelle anheftet (A), injiziert es ihr seine DNS (B). Die Virus-DNS steuert den Zellstoffwechsel um und bildet mehr Virusteile (C). Aus diesen Teilen werden rund 100 neue Viren gebildet, die die Zelle zum Platzen bringen (D). Manchmal bildet die Virus-DNS keine neuen Viren, sondern wird in die DNS in der Zelle eingebaut (E) und bleibt dort, bis sie vermehrungsbereit ist. Viren rufen viele Krankheiten hervor, zum Beispiel Pocken, Lungenentzündung, Grippe und Tollwut. Herpesviren (rechts) befallen tierische Zellen, Tabakmosaikviren befallen Pflanzenzellen.

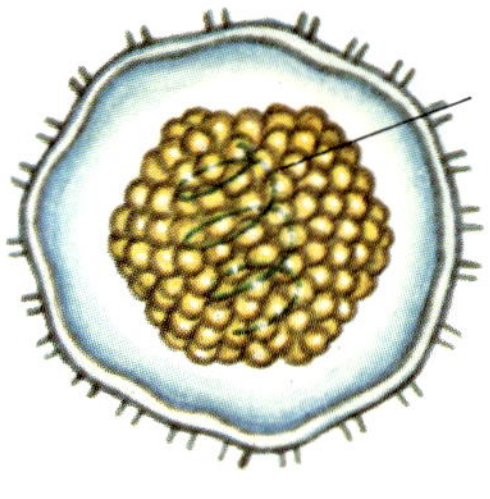

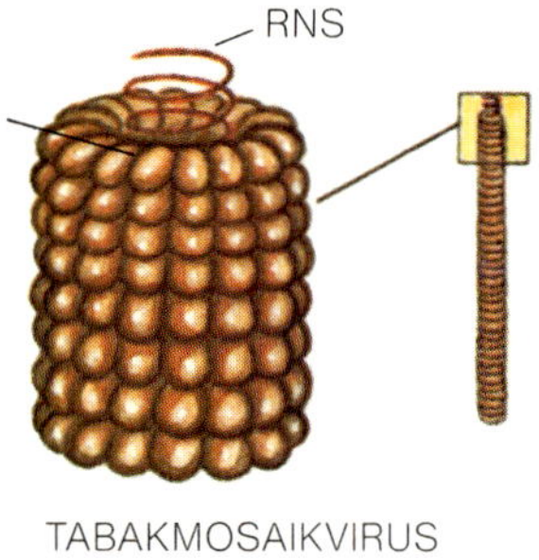

Die Wissenschaft vom Leben

Alle in diesem Buch verwendeten Informationen sind von Männern und Frauen zusammengetragen worden, die das Leben auf der Erde studieren. Die Wissenschaft vom Leben und von den Lebewesen ist die Biologie.

Biologen beobachten Lebewesen. Sie fragen, wie lebende Zellen funktionieren. Wissenschaftler suchen nach Antworten auf ihre Fragen, indem sie Experimente machen. Ein naturwissenschaftliches Experiment ist ein Vorgehen, bei dem noch unbewiesene Annahmen überprüft werden. Solche Versuche erfordern Spezialgerät, zum Beispiel Mikroskope. Mit Lichtmikroskopen können Wissenschaftler pflanzliche und tierische Zellen betrachten. Mit einem Elektronenmikroskop kann ein winziges Virus photographiert werden.

Manchmal gelingen Experimente, manchmal nicht. Jedes Experiment muß mindestens zweimal durchgeführt werden, damit feststeht, daß es wiederholt werden kann. Wenn ein Experiment klappt, bereichert sich unser Wissen vom Leben auf der Erde um neue Tatsachen. Neue Tatsachen führen zu weiteren Fragen und zu weiteren Experimenten.

Tatsachen und Theorien

Wie etwas funktioniert, versuchen Biologen oft schon zu erklären, bevor sie ihre Experimente durchführen. Ihre Erklärungen nennt man Theorien. Theorien müssen in den richtigen Experimenten überprüft werden. Weist ein Wissenschaftler nach, daß eine Theorie stimmt, so erhärtet sich die Theorie zur Tatsache.

Eine der berühmtesten Theorien ist die Evolutionstheorie. Sie will erklären, woher die Mannigfaltigkeit des Lebens auf der Erde kommt. Nach dieser Theorie ist das Leben auf der Erde vor Milliarden von Jahren entstanden. Anfangs gab es nur einfache lebende Zellen, die sich vermehrten. Bisweilen traten in der DNS einiger solcher einfacher Lebewesen kleine Veränderungen auf. Veränderungen in den DNS-Molekülen verursachten Veränderungen in Proteinen und anderen Zellbestandteilen. Durch solche Veränderungen kam es bei einigen Geschöpfen zu kleinen Abweichungen von den übrigen Lebewesen. Diese Veränderungen in den DNS-Molekülen wurden an die nachfolgenden Generationen weitergegeben.

Alle Arten mußten miteinander um Nahrung, Wasser, Sauerstoff, Mineralstoffe und andere Stoffe konkurrieren. Manchen Lebewesen gelang es gerade auf Grund gewisser Andersartigkeit besser als anderen, sich das Benötigte zu verschaffen. Manche Formen waren nicht so lebenstüchtig und starben aus.

Immer mehr Lebewesen wandelten sich im Laufe der Zeit. Sehr, sehr langsam begannen sich die Veränderungen zu summieren. Unter allmählicher Umwandlung einer Form in eine andere entwickelten sich im Laufe vieler Generationen neue Lebewesen. Diese Umbildungen hörten nie auf. Wie an einem Baum stetig Zweige wachsen, so haben sich die jetzt lebenden Pflanzen und Tiere langsam aus den ersten einfachen Formen entwickelt.

Niemand hat bislang beweisen können, daß die Entfaltung des Lebens auf der Erde so verlaufen ist. Trotzdem halten die meisten Wissenschaftler die Evolutionstheorie für richtig. Doch wird man sie so lange als eine Theorie betrachten, bis jemand in Experimenten nachweist, daß sie stimmt.

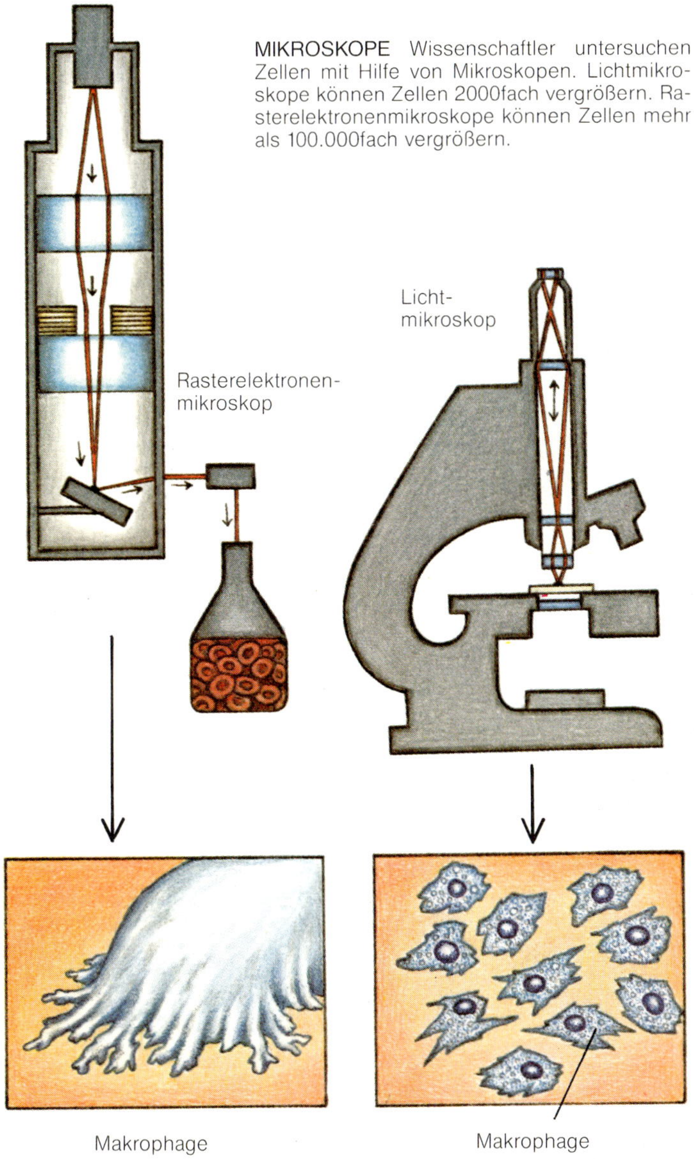

MIKROSKOPE Wissenschaftler untersuchen Zellen mit Hilfe von Mikroskopen. Lichtmikroskope können Zellen 2000fach vergrößern. Rasterelektronenmikroskope können Zellen mehr als 100.000fach vergrößern.

AUSGESTORBEN Nach der Ansicht von Wissenschaftlern sind viele Arten infolge von Überschwemmungen, Dürren, Krankheiten und Klimaveränderungen ausgestorben. Andere Arten sind erloschen, weil sie zu stark bejagt wurden. Nach diesen Pflanzen und Tieren könnten wir suchen, solange wir wollen — wir würden sie nicht mehr finden. Sie sind unwiederbringlich untergegangen.

Natur und Umwelt in Gefahr

Für die Biologie ist unsere Zeit in der Tat interessant. Täglich bringt man Neues in Erfahrung über DNS, Proteine, Membranen, Viren und Zellen. Mit Hilfe besonderer Enzyme können Wissenschaftler jetzt DNS-Moleküle aus Zellen entnehmen und zerschneiden. Sie können mit den Stükken experimentieren, indem sie sie in verschiedene Zellen einbauen. Durch Gen-Spleißen können sie zudem die Stücke mit anderen DNS-Molekülen kombinieren.

Wissenschaftler haben gelernt, Pflanzen, Tieren und Menschen Zellen zu entnehmen und diese Zellen im Reagenzglas wachsen zu lassen. Wissenschaftler hoffen, durch Experimente mit Zellen und Molekülen wie denen der DNS herauszufinden, wie man Krankheiten heilen, gegen andere Krankheiten schützende Impfstoffe gewinnen und weltweit genug Nahrungsmittel für alle Menschen auf der Erde erzeugen kann. Viele dieser großen Entdeckungen werden unsere Leser noch miterleben, vielleicht macht der eine oder andere von ihnen später sogar selbst eine solche bedeutende Entdeckung.

Leben auf der Erde

Die meisten Organismen produzieren so viele Nachkommen, wie sie können. Von den Nachkommen überleben nur sehr wenige, denn die meisten fallen Freßfeinden zum Opfer. Manche gehen auch durch Krankheiten, Überschwemmungen, Dürren und Erdbeben zugrunde. Und viele Pflanzen und Tiere sind ausgestorben, weil der Mensch die Umwelt zu ihrem Nachteil verändert hat.

Durch die Wunder der Wissenschaft ist Männern und Frauen enorme Macht zugewachsen. Mit dieser Macht nehmen Menschen anderen Organismen den Lebensraum weg und benutzen ihn für den Bau von Häusern, Fabriken und Straßen. Die Weltbevölkerung wächst und verbraucht immer mehr Naturschätze wie Bäume, Mineralien, Öl, Gas. Immer mehr Menschen müssen ernährt werden. Industriewerke und Autos stoßen chemische und radioaktive Abfälle aus, die die Luft, das Wasser und den Boden verpesten. Wenn Lebewesen diese Abfallstoffe in ihren Körper aufnehmen, können ihre Gewebe und Organe so stark geschädigt werden, daß sie sterben. In Pflanzen und Tieren reichern sich viele Chemikalien an. Wenn Menschen diese Pflanzen und Tiere verzehren oder verschmutztes Wasser trinken oder verunreinigte Luft atmen, nehmen auch sie Schaden.

Trotz dieser großen, ja todbringenden Gefahren überleben bei den meisten Arten genug Individuen, mit denen sich die Art fortpflanzen kann. Allerdings sind manche Tier- und Pflanzenarten schon sehr rar geworden. Wenn die Zahl ihrer Individuen immer weiter zurückgeht, werden bald nur noch so wenige Artgenossen übrig sein, daß sie sich nicht mehr fortpflanzen können — weil sie einander nicht mehr finden. Dann wird die ganze Art aussterben und für immer erloschen sein.

Was können wir tun?

Wir können vieles tun, um dem Raubbau am Leben auf der Erde ein Ende zu machen. Wir können Tiere und Pflanzen retten, wenn Überschwemmungen und andere Naturkatastrophen sie bedrohen. Zum Ausgleich dafür, daß wir soviel Land für uns mit Beschlag belegen, können wir Parks und Naturschutzgebiete schaffen, die Pflanzen und Tieren geeignete Lebens- und Fortpflanzungsbedingungen bieten. Wir können gefährdete Arten durch Gesetze schützen. Wir können wissenschaftliche Kenntnisse dazu benutzen, unsere Chemieabfälle, unsere Luft und unsere Gewässer zu reinigen und unseren Boden wieder gesund zu machen. Für Bäume, die wir verbrauchen, können wir neue pflanzen. Wir können auch lernen, mit unseren kostbaren Naturschätzen sparsamer umzugehen. Und wir können weiterhin das Leben in allen seinen Erscheinungsformen studieren, denn so gewinnen wir Aufschlüsse über die Welt, in der wir leben.

Zusammen mit allen anderen Organismen sind wir Mitglieder der Familie der Lebewesen. Unser aller Heimat ist die Erde; wir müssen sie pfleglich behandeln und schützen, sonst wird sie unbewohnbar.

Das Leben auf der Erde ist von den Wechselbeziehungen zwischen den Lebewesen und ihrer Umwelt abhängig. Pflanzen und Tiere liefern Nahrung, Sauerstoff und Energie. Bakterien und Pilze tragen zur Rückgewinnung von Elementen wie zum Beispiel Kohlenstoff und Stickstoff bei. Organismen sind auf das Wasser, die Luft, die Mineralien, den Boden und die Behausungsmöglichkeiten angewiesen, die ihnen die Erde bietet.

Es ist außerordentlich wichtig, daß wir uns um den Fortbestand aller Formen des Lebens auf der Erde bemühen. Denn die Mannigfaltigkeit dieses Lebens hat wohl im ganzen Universum nicht ihresgleichen.

GEFÄHRDETE ARTEN Diese Tiere sind so selten geworden, daß die Arten zu erlöschen drohen. Das gilt auch vom Blauwal, dem größten Tier der Erde. Diese und viele andere Tiere müssen geschützt werden, damit sie sich vermehren können und ihre Bestände sich erholen.

WÜSTENKÄRPFLING
KALIFORNISCHER KONDOR

ELFENBEINSPECHT

TIGER

SPITZKROKODIL

ROSENSEESCHWALBE

BLAUWAL

SUPPENSCHILDKRÖTE

SCHWARZFUSSILTIS

TIMBERWOLF

Die Familie der Lebewesen

Viele Wissenschaftler teilen alle Lebewesen in fünf Reiche ein. Drei dieser Reiche — das Monerenreich, das Protistenreich und das Tierreich — sind hier dargestellt. Sie umfassen einzellige und wirbellose Tiere (Tiere, die keine Wirbelsäule besitzen). Die meisten heute lebenden Tiere sind Wirbellose.

Jedes Reich ist in kleinere Gruppen unterteilt. Alle Mitglieder einer Gruppe haben Gemeinsamkeiten. Wir zeigen hier von den meisten Gruppen jeweils nur eine Art.

Manche Gruppen werden noch weiter unterteilt — die Arthropoden (Gliederfüßer) zum Beispiel in Insekten, Echte Krabben, Spinnentiere, Hundertfüßer und andere Gruppen. Es gibt rund eine Million Insektenarten. Der Zweipunkt vertritt sie hier alle. Die übrigen Gruppen des Tierreichs präsentieren wir auf den nächsten beiden Seiten.

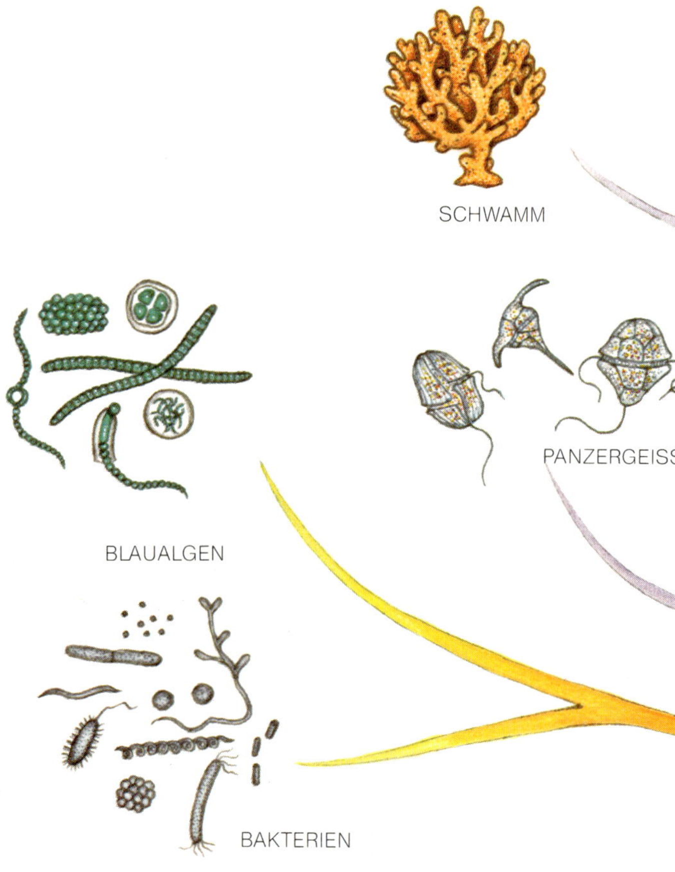

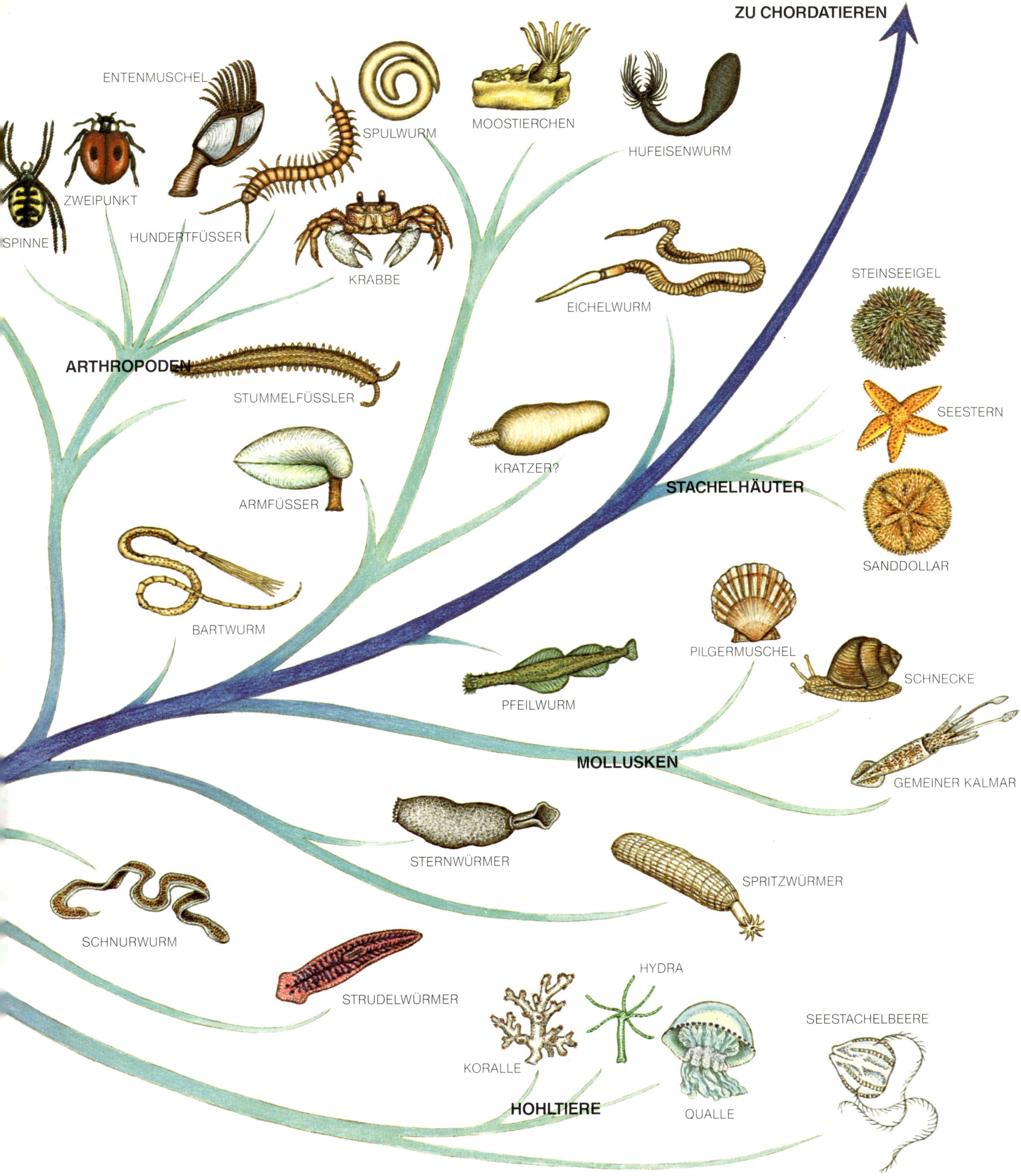
ZU CHORDATIEREN
ENTENMUSCHEL
SPULWURM
MOOSTIERCHEN
HUFEISENWURM
ZWEIPUNKT
SPINNE
HUNDERTFÜSSER
KRABBE
EICHELWURM
STEINSEEIGEL
ARTHROPODEN
STUMMELFÜSSLER
SEESTERN
KRATZER?
ARMFÜSSER
STACHELHÄUTER
SANDDOLLAR
BARTWURM
PILGERMUSCHEL
SCHNECKE
PFEILWURM
MOLLUSKEN
GEMEINER KALMAR
STERNWÜRMER
SPRITZWÜRMER
SCHNURWURM
STRUDELWÜRMER
HYDRA
SEESTACHELBEERE
KORALLE
HOHLTIERE
QUALLE

Die Familie der Lebewesen

Die Tiere auf diesen zwei Seiten sind diejenigen, die der Leser wohl am besten kennt. Alle diese Tiere gehören zu der Hauptgruppe, die man als Chordatiere oder Chordaten bezeichnet. Diese Hauptgruppe wird in viele kleinere Gruppen unterteilt, und die meisten davon umfassen Wirbeltiere (Vertebraten). Es gibt über 35.000 Wirbeltierarten. Wissenschaftler zählen den Menschen zu derselben Gruppe wie Gorillas und andere Primaten (Herrentiere).

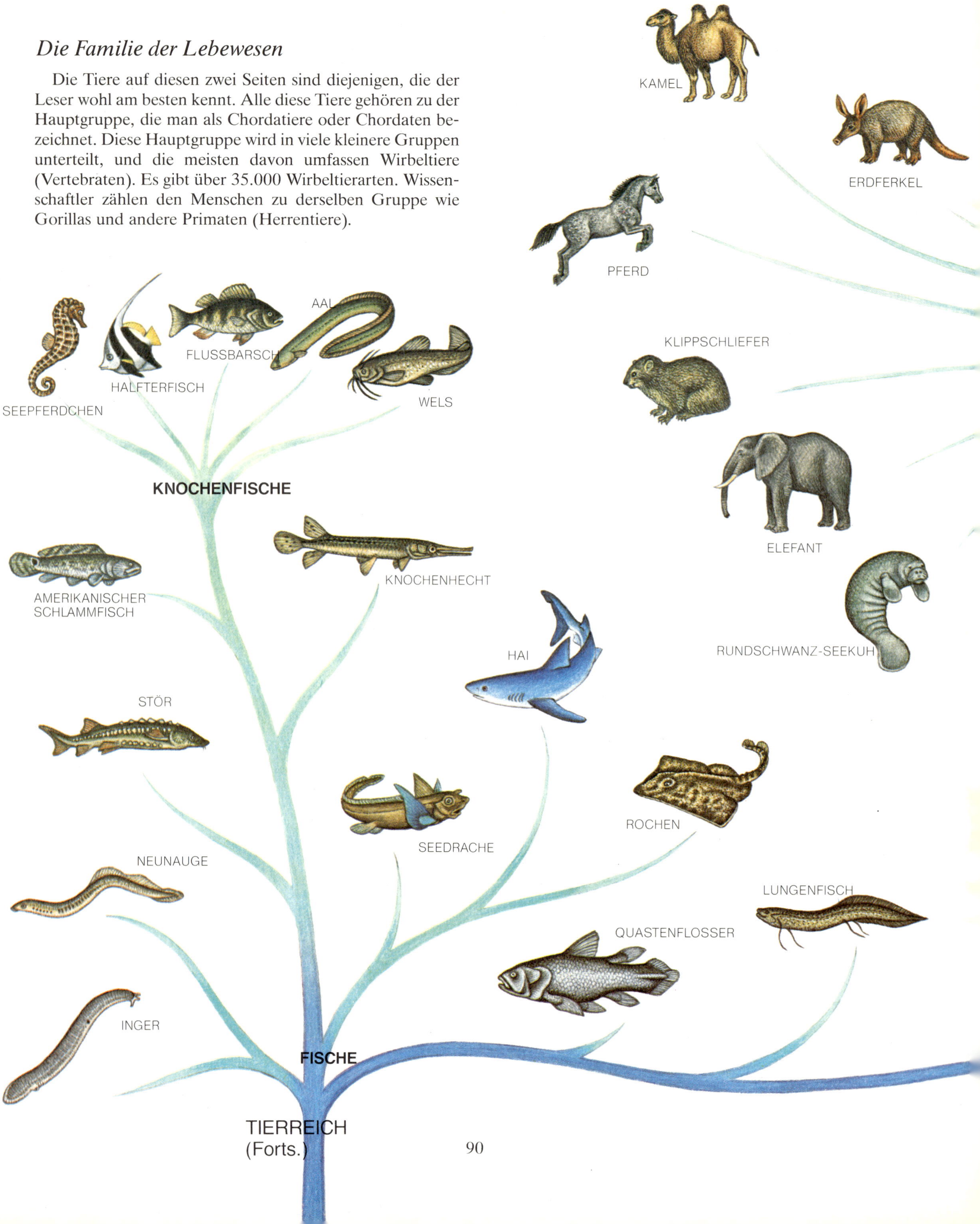

SCHUPPENTIER
BIBER
RIESENGLEITFLIEGER
MAULWURF
AMEISENBÄR
KANINCHEN
GORILLA
FLEDERMAUS
WAL
TIGER
KOALA
STRAUSS
SCHARLACHTANGARE
SÄUGETIERE
KROKODIL
SCHNABELTIER
PINGUIN
SCHILDKRÖTE
BRÜCKENECHSE
VÖGEL
LEGUAN
SCHLANGE
SKINK
WARAN
GECKO
KRIECHTIERE
EIDECHSE
LURCHE
SALAMANDER
FROSCH

Die Familie der Lebewesen

Diese zwei Seiten veranschaulichen das Pilzreich und das Pflanzenreich. Es gibt über 200.000 Pilzarten und über 250.000 Pflanzenarten.

Viele hier abgebildete Pflanzen wird der Leser kennen. Jede Abbildung zeigt eine Pflanze, die hier ihre ganze Gruppe vertritt. Die Gruppe der Rosengewächse zum Beispiel umfaßt über 2000 verschiedene Arten verwandter Pflanzen. Außer Rosen gehören zu dieser Gruppe Apfelbäume, Mandelbäume, Kirschbäume, Pfirsichbäume und Brombeersträucher.

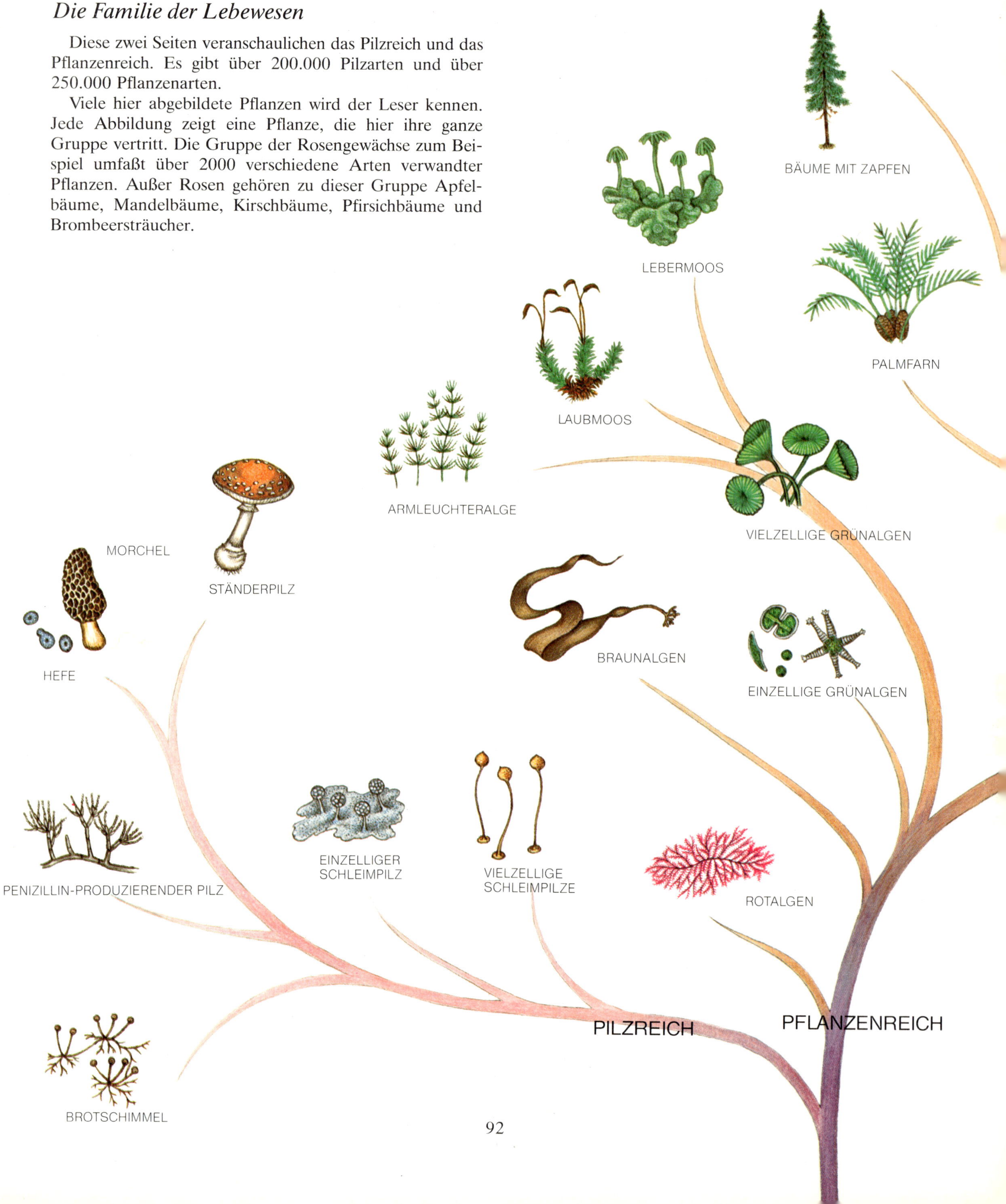

WEIDE
BIRKE
LEINKRAUT
MINZE
POINSETTIE
AZALEE
TOMATE
ORANGE
BUCHE
WALNUSS
ULME
AHORN
GÄNSEBLÜMCHEN
GINKGO
KOHL / SENF
PETERSILIE
KÜRBIS
ROSE
ERBSE
FEIGENKAKTUS
RITTERSPORN / MAGNOLIE
LILIE
PALME
IRIS
SILOTUM
FARN
BANANE
BÄRLAPP
SCHACHTELHALM
GRAS
ORCHIDEE

REGISTER

Die *kursiv* gedruckten Seitenzahlen verweisen auf Abbildungen und Bildbeschriftungen.